赢在起跑线上的 N个法则 上

YINGZAI
QIPAOXIANSHANGDE N GEFAZE

刘艳婷 ◎ 编著

中国出版集团

现代出版社

图书在版编目（CIP）数据

赢在起跑线上的 N 个法则(上) ／ 刘艳婷编著. —北京 ：现代出版社，2014.3

ISBN 978-7-5143-2132-6

Ⅰ. ①赢… Ⅱ. ①刘… Ⅲ. ①成功心理 – 青年读物 ②成功心理 – 少年读物 Ⅳ. ①B848.4 – 49

中国版本图书馆 CIP 数据核字(2014)第 038745 号

作　　者	刘艳婷
责任编辑	王敬一
出版发行	现代出版社
通讯地址	北京市安定门外安华里 504 号
邮政编码	100011
电　　话	010 – 64267325 64245264（传真）
网　　址	www. 1980xd. com
电子邮箱	xiandai@ cnpitc. com. cn
印　　刷	唐山富达印务有限公司
开　　本	710mm×1000mm　1/16
印　　张	16
版　　次	2014 年 4 月第 1 版　2023 年 5 月第 3 次印刷
书　　号	ISBN 978-7-5143-2132-6
定　　价	76.00 元(上下册)

目　录

第一章　积极心态是获取成功的法宝

第二章　好习惯成就灿烂人生

第三章　从小学会积极思考

第四章　观察力是智力的重要组成部分

第五章 会学习才会赢得未来

第一章　积极心态是获取成功的法宝

积极的心态，就是心灵的健康和营养，这样的心灵能吸引财富、成功、快乐和健康。消极的心态，却是心灵的恶疾和垃圾，这样的心灵，不仅排斥财富，成功、快乐和健康，甚至会夺走生活中已有的一切。只有你能把握自己的心态：对于那些积极心态的人来说，每一种逆境都隐含着一种等量或更大地利益种子，有时你虽然身处逆境，说不定其中正隐藏着良机；不要因为没有成功就责备他人，埋怨他人。把你的心放在你所想要的东西上，使你的心远离你所不想要的东西；你不可低估消极心态的排斥力量，它能阻止人生的幸运，不让你受益；不要因你的心态而使你成为一个失败者，成功是由那些抱有积极心态的人所取得的，并由那些以积极心态努力不懈的人所保持。

始终保持健康的心理

一个有积极心态的人被大水困住，只得爬上屋顶，邻居中有人漂浮过来说："约翰，这次大水真可怕啊。"约翰回答说："不，它并不怎么坏。"邻居有点吃惊，就反驳道："你怎么说不怎么坏，你的鸡舍已经被冲走了"。约翰回答："是的，我知道，但是我六个月以前养的鸭子在附近游泳。""但是，约翰，这次水损害了你的农作物。"这位邻居坚持说。约翰仍然不屈服地说："不，我的农作物因为缺水而损坏了。就在上周，代理人告诉我，我的土地需要更多的水，所以这下就解决问题了。"这位悲观的邻居再次对他说："但是你看，约翰，大水还在上涨，就要涨到你的窗户上了。"约翰说："我希望如此，这些窗户实在太脏了，需要冲洗一下了。"

这是个玩笑，但是也有幽默。显然，约翰已经决定以积极的态度来应付各种情况，心态是为达到某种目的采取的心境或姿态。经过一段时间以后，即使遇到消极的情况，你也能使心灵自动地做出积极的反映。达到这种境界，你必须以很多良好、清洁、有利的信息来充实你的心灵，甚至随时保持这种状况。

保持健康的心理，良好的心态，既是潜能开发的前提和保证，又是一种重要的方法。

智力正常、情绪稳定与心情愉快、反应适度、人格统一协调是衡量心理健康的重要标准。

非凡的想象、崇高的志向会产生巨大的精神力量，维护心理状态的稳定。伟大的音乐家贝多芬曾经两次失恋，特别是第二次，都快要结婚了，可是由于恋人父母的坚决反对，又告失败。但是，音乐这项崇高的事业给了他力量，使他平复了创伤，继续去从事他光辉的事业。

要防止或克服强烈的、持久的心理冲突，要培养健全的情绪，要陶冶心情，在任何强烈刺激面前，始终保持稳定的情绪和愉快的心情。

要采取切实的措施来减轻心理冲突。比如，注意转移法。撇开心理冲突，把注意力从引起不愉快的事件上转移开来，集中到自己喜欢的课题或兴趣大的事情上去。采取语言调节，比如在心里反复默念:"要息怒!"同时把嘴张一张,舌头在嘴里转几圈,这样可以起到息怒的作用。还可以采取释放法,把郁积、压抑在内心的苦闷、焦虑、委屈等情绪一股脑地向亲人、朋友倾诉出来,以减轻甚至消除内心的痛苦和压力。

要排除外界对心理的压力,平时就要培养坚忍不拔的毅力。有了坚强的毅力,心理状态达到了高度稳定性,就能够抵御和排除外界的任何干扰,把心理状态始终保持在一定的水平上,为从事想象力活动提供必要的条件。

健康的心理还与生理健康息息相关,密不可分。这就要有规律地生活,有劳有逸,有节奏地工作和休息。

一定要树立你的积极心态

福勒是美国路易斯安那州的一个佃农家庭的黑人孩子。他们一家生活贫困。福勒5岁时就开始干活,9岁时就靠赶骡子挣钱了。这并不是什么特殊的事,农民或穷人的家庭都这样。这些家庭认为他们的贫困是命运安排的,因而并不要求改善生活。但小福勒的母亲是个优秀的农妇,她绝不这样认为。她知道她这贫困的家庭是在一个繁华世界中,一定是有什么蹊跷的。于是,她说:"嗨,福勒,我不愿意听到你们说:这是上帝的旨意。不,《圣经》里的每一个字都想让我们富起来。你为什么不去做一个出人头地的人呢?"这段话在福勒的心灵中刻下深深的烙印,以致改变了他的一生。

"我要致富,我要出人头地!"他的心在呐喊!他决定把经商作为生财的一条捷径,最后选择经营肥皂。于是他就作为流动销售员叫卖肥皂达12年之久。后来他获悉供应他肥皂的那家公司将拍卖,售价是 150000 美元。他已存有 25000 美元。双方达成了协议：他先交 25000 美元的保证金，然后在 10 天之内付清剩下的 125000 美元。如果 10 天过了付不出，他将同时丧失那笔作为自己全部储蓄的保证金。机会来了，但风险极大。不过福勒很积极地去做这件事并成功了。后来他是这样告诉别人的：

我心中有数，即使当时的情况太冒险。我从客户、朋友、信贷公司和投资集团那里获得了援助口在第 10 天的前夜，我已筹集了 115000 美元，但还差 10000 美元。我怎么也没有办法了，真要命！那时已是深夜了，我在幽暗的房间里一遍又一遍地做祷告，渴盼奇迹出现。可是我知道奇迹之说是骗人的，于是毅然走出房门，我要再寻找，仔细地搜寻。夜已深了，我朝芝加哥 61 号大街走去。走过几条街后，我看见一所承包商事务所亮着灯光。我激动地走了进去。在那里，写字台旁坐着一个看起来因为经常熬夜工作而疲乏不堪的人。我一下子放松了许多。我好像有点认识他，我意识到自己必须勇敢些、再勇敢些。

"先生，您想赚 1000 美元吗？"我直接地进入谈话。

这话使得这位承包商吓得向后仰去。"是呀，亲爱的，"他答道。

我一听见"亲爱的"这个词，立刻就愉快了起来。"那么，亲爱的，请给我开一张 10000 美元的支票，当我奉还这笔借款时，我将另付 1000 美元给你。"我诚恳地对他说。接着就把其他借我款的先生们的名单及签有亲笔字的借款单给这位亲爱的承包商先生看，并详细地解释了我这次商业冒险的具体情况。承包商很感动，支持了我。就这样，就如期地付出了买肥皂公司所需的资金。有了这家公司，以后的一切都很自然地发展起来了。

福勒先生最后向我们强调的正是：一定要树立你积极的心态。

据说李嘉诚的成功就是基于战胜贫困的需要，迫使李嘉诚从小就树立了战胜贫困的决心。

1943 年，不满 15 岁的李嘉诚因父亲病逝，家里一贫如洗，不得不辍学打工。由于抱有"我不要穷，我要赚钱"的积极心态，他在泡茶扫地当学徒、当店员、跑街推销员的早年生涯中，努力学习和思考，自觉不自觉地开发着自己经商赚钱的潜能。

"我不做高级打工仔！我要创立自己的企业！"

经历七年打工奋斗，22 岁的李嘉诚放弃了打工，为自己树立了更积极成功的心态——一个宏伟的"我要"的目标。

打工的经历开发了青年时期的李嘉诚立身处世和经商的部分潜能，使他增强了信心。1950 年，他放弃一家塑胶企业总经理的位置，自己开办了"长江塑胶厂"，成为一个主宰自己命运的老板。

心态阳光，生活才充满阳光

一位心理学家曾这样论述过人生与心态的关系：人生是好是坏，并不是由命运来决定的，而是由你的信念和处世的心态来决定的；生命像一条溪流，在岁月的原野上不断地流动着，如果你不主动地、有计划地掌稳自己的航向，它就会随波逐流，消逝在连你也不可知的远方；如果你不在自己心理和生理的土壤中，播下期望的种子，那么荒草便会蔓生；如果你不主动的把自己的心态导向积极的一面，消极灰暗的心境就会像一只不祥之鸟，在你人生的岁月里嗷嗷呜叫。

拥有积极、良好心态的人的身上永远洋溢着自信，他们会用自己的行动来告诉人们：要相信你自己，世界上最重要的人就是你自己，你的成功和财富的获得，必须依靠你积极的心态。

据说，所罗门国王是古代西方最明智的统治者，史书记载他曾有这样言论"他的心怎样思量，他的人就是怎样。"换而言之，人们相信有什么样的结果，就可能有什么样的结果，人不可能拥有自己并不追求的成就。积极的人生是自己掌握自己的命运，自己做自己的主人，这也是一种人的本性的倾向，我们把自己想象成什么样子，就真的会成为什么样子。积极的人能够掌握自己的命运，一旦事情进展不顺利或者发生偏向时，他会立刻做出反应，寻找解决办法，制订新的行动计划。

世上无难事，只怕有心人。拿破仑·希尔说过：把你的心放在你想要的东西上，使你的心远离你所不想要的东西。对于有积极心态的人来说，每一种逆境都含有等量或者更大利益的种子，有时，那些似乎是逆境的东西，其实往往正隐藏着良机。

积极心态者的另一个突出表现就是他的投入，一切的关键就在于投入，投入代表热爱和激情，投入才能获得愉快。看一场球就想自己去打一场，做一顿饭就一定做得有色有味，写一篇文章会深入其境，看一部好的电影会热泪盈眶，进行一项研究会废寝忘食……对于积极的人来说，这一切都那么吸引人，那么有趣味：而激情投入的结果无疑将增大成功的可能性。当然，世间诸事不可能都一帆风顺，法拉第说过"拼命去争取成功，但不要期望一定会成功"，与我们中国古代的名言"尽人力而听天命"可谓不谋而合，两者都表达了一个人生观的准则，那就是奥斯特洛夫斯基在《钢铁是怎样炼成的》一书中所表达的那样：不要在I临终前对自己一生的行为有丝毫的后悔，想到就尽力去做。

拥有积极心态的人知道：看待事物时，应该考虑生活中既有好的一面，同样也有坏的一面，但他可以强调好的一面。因为，这样可以产生良好的愿望和结果，他不会否认消极因素的存在，但他早已学会了不让自己沉溺其中；他常能心存光明远景，即使身陷困境，也能以愉悦和创造性的态度走出困境，迎向光明。

为什么一定要身背三座大山上路呢？为什么一定要"风萧萧兮易水寒，壮士一去不复还"？何不轻装上阵，付出定有回报。不懈进取的历程，积极投入的人生，会使你很快发现自己的长处和短处，从而正确评价自己，根据自己的目标制定出适合自己的行进方式，缩短走向成功目标的距离。

一个人的某种心态，往往在很大程度上决定着其某一人生阶段的价值取向。一个人若是被一些不良的心态所左右，人生的航船就有可能驶入河沟浅滩，从而失去发展的机会；一个人若是一生都能持有良好的心态，那么，他的人生之路就会越走越宽，生命的景色就会越来越美，生命的价值就会越来越大……

因此，我们每天是否能用良好的心态守住自己灵魂的大门，这与我们能否拥有卓越的人生看来是密不可分的。那么，都有哪些良好的心态呢？

（1）开放的心灵

一颗充满固执、偏见、狭隘观念和自我封闭的心，就像是一池死水，将永远失去发展的机会；无论他从事什么职业，也不管他曾经取得过多么辉煌的成就，一旦他成了一个故步自封、自以为是的人，他就会因为缺少了智慧的营养而从此走向衰败。一颗开放的心，就像可以容纳百川的大海，将永远生机勃勃。

唐太宗李世民得天下后不久，有一次他对满朝的文武大臣们说："朕自年少之时就喜欢弓箭，这许多年来曾得到十几张好弓，自以为是天下最好的，没有能超过它们的。可最近我将弓拿给一个弓匠看，他却说：'做弓用的材料都不是好的。'朕问其原因，弓匠说：'弓的材料的中心部分不直，所以，其脉纹也是斜的，弓力虽强，但箭射出去不走直线。'朕以弓箭平定天下，而对弓箭的性能尚没有完全认识清楚，何况天下事务呢，怎能遍知其理？望你们多多发表自己的意见，纠正朕的错误。"

正因为唐本宗李世民有这样一个开放的心态，所以，他才能明白"兼听则明，偏信则暗"、"水能载舟亦能覆舟"的道理。正是因为他有一个开放的心态，他才能知道："以铜为鉴，可以正衣冠；以人为鉴，可以知得失；以史为鉴，可以知兴替。"也正是因为他有一个开放的心态，大唐才成为中国历史上最强盛的帝国之一。

治国如此，其实，这个世界上，做任何事不都要有一颗这样开放的心灵，才能成就辉煌的人生吗？

（2）旷达的心境

大发明家爱迪生靠他的智慧和勤奋，终于为自己建起了一个有着相当规模的工厂，工厂里有着设备相当完善的实验室，这些都是他几十年心血的结晶。

然而不幸的是，一天夜里，他的实验室突然着火，紧接着引燃了贮存化学药品的仓库，随后不到片刻的工夫，整个工厂便陷入了一片火海之中。尽管当时消防队调来了所有的消防车，依然无法阻止熊熊大火的蔓延。正当众人为爱迪生一辈子的成果将毁于一旦而感伤的时候，爱迪生却吩咐儿子："快，快把你的母亲叫来！"

儿子不解地问："火势已不可收拾，就是把全市的人都叫来亦无济于事了，何必还要多此一举呢？"

没想到爱迪生却轻松地说："快让你的母亲来欣赏这百年难得一遇的超级大火！"

妻子赶来了，当她看到爱迪生正以微笑来迎接她时，她有些不解地说："你的一切都将化成了灰烬，怎么还能笑得出来？"

爱迪生回答说："不，亲爱的，大火烧掉的是我过去所有的错误！我将在这片土地上建一座更完善、更先进的实验室和工厂。"

这是何其旷达的心境！在灾难面前，爱迪生的心态令人赞赏！其实，为失去的东西悲伤不已是非常愚蠢的行为，即使你为失去的一切毁灭了自己，又有什么用呢？只有那些怀着一份旷达心境的人，才不会凄凄于自己曾经的拥有，而是令怀着对未来无限的希望重新开始更加美好的创造。也许我们许多人都曾经为了失去的金钱、工作、地位、爱情等伤心的啜泣过，但你要相信，在未来的岁月里，一定还会有一份更加美好的礼物在等待着你呢。失去的东西只能成为你人生经历的一部分，只有现在和未来才是你真实的生活。

笑对过去，笑对未来吧！

（3）进取的心态

一位犹太人是这样教育他的儿孙的："任何人来到这个世界上，其生命的潜在价值都是差不多的，关键的问题是，一个人一生怎样让这价值得以开发。比如，一块最初只值 5 元钱的生铁，铸成马蹄铁后可值 10 多元；如果制成磁针之类的东西可值 3000 多元，如果进一步制成手表的发条，其价值就是 25 万元之多了。人们都应该有一颗进取之心，不断地做大自己，不要让自己的一生都是那块只值 5 元钱的生铁，内心深处要自始至终都抱有展现自己最大价值的梦想！"

艾利弗·波瑞特是美国著名的学者、哈佛大学最出色的教授。他 16 岁的时候，跟着一个铁匠当学徒，整个白天都得在铁匠铺里工作，晚上才开始点上蜡烛读书学习。他的口袋里始终都装着自己需要读的书，只要有一点空闲就拿出来看。当别的孩子到处闲逛、游手好闲的时候，小艾利弗却正在抓住任何一个机会不断的提高着自己。谁会想到，就是在这样的情况下，他在几年的时间里，居然读了大量的书籍，学会了7个国家的语言……

一个人只要有一颗进取之心，通过不断学习，就能提高生命的价值。浑浑噩噩地过日子，应该说是一个人生命最大的悲哀……

积极的、充满阳光的心态，能够不断地改善我们的生活态度，进而改变我们的命运，让我们有一种始终生活在晴朗天空之下的快乐之感，让我们始终拥有一种向上的不可战胜的力量。有了这种心态，即使遇上了会严重影响我们一生的不幸或灾难之事，我们也依然能很快地从这不幸的阴影中走出来。让我们记住这样的几句话：造物主啊，给我勇气，让我去战胜我能够征服的事情；给我耐心，让我接受我不能改变的事情；给我智慧，让我能分辨清这两种事情吧！

做个有进取心的人

进取心极为难得，它能驱使一个人在不被吩咐应该去做什么事之前，就能主动地去做应该做的事。

这个世界愿对一件事情赠予大奖，包括金钱与荣誉，那就是"进取心"。什么是进取心？告诉你，那就是主动去做应该做的事情。

进取心是一个人获得成功的最重要的因素之一。美国成功学大师拿破仑·希尔研究了美国最成功的500个人的生平，还结识了这些人当中的许多人。他发现这些人的成功故事中都有一个不可缺少的元素，那就是强烈的进取心。这些人即使屡遭失败但仍旧十分努力。在他看来，只有能克服不可思议的障碍及巨大的失望的人才能获得巨大的成功。他的话与美国发明家布卡·T·华盛顿的话相似："我明白了，成功的大小不是由这个人达到的人生高度衡量的，而是由他在成功路上克服的障碍的数目来衡量的。"

哈罗德·雪曼写过一本书，名叫《如何反败为胜》。作者在书中列出八种进取心精神：

△只要我坚信自己正确，我决不放弃。

△我深信，只要我坚持到底，一切都会迎刃而解。

△在逆境中我会充满勇气，决不气馁。

△我不允许任何人用恫吓或威胁使我放弃目标。

△我会竭尽全力克服生理障碍与挫折。

△我会一而再，再而三地努力做到我想做的事。

△知道了成功的人都曾跟失败和逆境搏斗之后，我会获得新的信心与决心。

△无论我面临什么样的障碍，我决不向失望与绝望低头。

在争取成功的过程中，决不应低估了进取心的重要性。进取心是为了战胜失望而必须培养的品质之一，进取心将使你的潜能发挥到极致。

只要认准了的事，就要下定决心；不管你做什么，都要全力以赴。最伟大的教练文斯·龙巴第曾对他的球队说过简短而振奋人心的话："当欢呼声消失了，体育场人去楼空后，当报上的大标题已经印出，你回到自己安静的房间，超级奖杯座放在桌上，所有的热闹都已消失后，剩下的只有：致力于完美，致力于胜利，致力于尽我们最大的努力，以使这世界变得更好。"

　　我们都应知道这样一件千真万确的事，那就是思想是个雕刻家，它可以把你塑造成你要做的人。进取心更是魔术大师，它可以把你的潜能发挥到极致。

　　人的思想，配上不屈不挠的精神和一个了不起的身体，就能创造出一些前所未有的东西。因为人的体能虽然有限，但人类的思想和精神却是无限的。

　　进取心是一种人生赢家的积极心态。要培养这种人生赢家的态度，先做这三项誓言，然后每日温习一遍。

　　第一，誓言以你的生命和天才做值得你全力以赴的事。

　　第二，誓言不计一切代价去达到你的目标。

　　第三，誓言发挥你最大的潜能。

　　人生之旅，留下了各种各样的足迹，人们可以忘掉或辉煌或是凄惨的履历，但不可以忘记这样的精神：要活得正当、无惧、欢乐。别忘了，人生到头来重要的不是你活的有多长，而是你活的内容。

　　谨记百年哈佛的人生训条吧：

　　"将你的潜能发挥到极致的是你的进取心。"

学做个乐观的人

　　消极者看到别人给他半杯水，会抱怨"只剩半杯水"，而乐观积极的人则会高兴地看到"还有半杯水。"你会怎么看待半杯水呢？

　　用乐观的心态对待身边的每一个人、每一件事，你会从中得到很多乐趣，你的生活也会过得更加充实。

　　大多数人都喜欢和乐观的人相处，喜欢让他们快乐的天性感染自己，喜欢他们的热情。他们不仅自己成功，也帮助他们亲近的人实现成功。

乐观的人，常常是面带微笑、态度温和的，他们总是从周围去发现积极有益的东西，总是对他人表现出嘉许的态度。物以类聚，在乐观主义者的周围，我们常常能发现其他的乐观主义者，每天怀着期待快乐地生活着。

在乐观者的眼里，挫折意味着机会，他们还会把这种健康向上的心态向他们的周围传播开。他们眼中的自己，也是非常积极的形象；在他们的一切思想和想象中，都为自己描绘了一幅美好的图景，生活幸福，事业有成。他们总是预想自己的愿望都会实现，他们也知道，想象是生活的最好动力，于是总是乐于用最高的目标来激励自己。

乐观者对于未来常常会有一个计划，总是能够知道自己在往哪个方向去。他们知道自己的目标，所以身处逆境，只会激发他们的斗志，使他们更坚强。他们欢迎挑战，从不退缩，反而借此来磨砺自己；同时，他们注意知识的学习。在生活中我们容易发现，如果一个人改变了他对周围事物和人的看法，那么，同样地，这一切对他的看法也会相应改变。如果有人愿意这么尝试，让自己的思想做一个一百八十度的转变，结果会让他瞠目结舌：他的物质生活状况竟然也会因此发生天翻地覆的变化。

事实上，一个人未必能接近他所希望的一切，但却可以接近与他同类的东西。真正塑造我们命运的那种神秘力量就在我们自己身上，就是我们内心那个真正的自我。我们在现实中所能实现的目标，也就是我们在思想中为自己预设的那个结果。如果我们希望能够有所进步、有所胜利、有所实现，那么，唯的一办法就是先让自己的思想跟上；如果不能做到这一点，还是让自己的思想停留在原地，但无法获得力量，注定会生活在不幸之中。

"清醒冷峻的乐观主义者，他们意识到所生活的世界并不完美，友爱可能遭受冷落，无辜的人会受到伤害。"作家阿兰·洛侬·麦克金尼斯这样说。按照他的说法，这一类乐观主义者，他们作为一个群体有一些自身的特征，主要表现为：

（1）处变不惊。

乐观的人能充分预计到困难的存在，随时愿意去解决各种难题和挑战。

（2）解决问题的愿望。

事实上，乐观者如果不能找到一个完美、没有缺陷的答案，也愿意接受权宜之计。乐观的人从不害怕新事物。

（3）把握未来。

乐观者相信自己能够把握自己的命运，不愿做听天由命的人。乐观者热情洋溢地对待一切，认为凡是自己希望的事情，自己都能够做到。

（4）能够迅速摆脱自己的阴暗思想。

乐观者能迅速地走出不幸的境遇。乐观者不会因为遭遇了一次不幸，立刻就把它上升到一种普遍的意义。

（5）一种"不管风吹浪打，胜似闲庭信步"的心态。

即使环境极其险恶，乐观者也从容不迫，总能找到让自己高兴的事物，有时甚至只是一杯咖啡也能玩味半天。

（6）先幻想自己的成功。

悲观者总是把视线集中到不幸的事情上，而乐观者的脑海里想到的都是一些快乐的事情。乐观者关注现实，但从不放弃希望。

（7）接受非人力所及的一切。

乐观者知道生活并不可能总是按自己预想的展开，它有自身的规则，按照自身的轨道运行。人与人的不同只在于处理方式的差别。

（8）总是微笑着面对生活。

他们每天都会有一个好的开始，锻炼或者思考；他们常常开怀大笑；无论环境怎么险恶，他们总是不忘在某些特殊的场会庆祝一番；通常他们都喜爱音乐。

（9）相信自己可以永无止境地追求进步。

随着年岁增长，乐观者所关注的并不是自己身体机能的衰退，而是自己越来越丰富的经历，并把这看成是一笔财富。而且，他们仍然学习各种新的技能。

（10）会生气，但从不怀恨。他们对日常生活中各种有害的关系非常留意，注意克服；他们接受人的天性，能够容忍自身和他人身上的缺点、错误。

（11）愿意和同伴分享喜悦。

对于那些不停在抱怨生活的人，乐观者非常友善地倾听，但并不受他们影响。乐观者也会表达一些不好的情绪，但从不被自己的这种心情所累，很容易就转换到其他话题上。

热忱是内心的光辉

一个人成功的因素很多，而居于这些因素之首的就是热忱。热忱是发自内心的兴奋，并散发、充满到整个人。英文中的"热忱"这个词是由两个希腊字根组成的，一个是"内"，一个是"神"。事实上，一个热忱的人，等于是有神在他的内心里。热忱也就是内心里的光辉——一种炽热的、精神的特质深存于一个人的内心。

俄亥俄州克里夫兰市的史坦·诺瓦克下班回到家里，发现他最小的儿子提姆又哭又叫地猛踢客厅的墙壁。小提姆第十天就要开始上幼儿园了，他不愿意去，就这样以示抗议。按照史坦平时的作风，他会把孩子赶回自己的卧室去，让孩子一个人在里面，并且告诉孩子他最好还是听话去上幼儿园。由于已了解了这种做法并不能使孩子欢欢喜喜地去幼儿园，史坦决定运用刚学到的知识：热忱是一种重要的力量。

他坐下来想："如果我是提姆的话，我怎么样才会乐意去上幼儿园？"他和太太列出所有提姆在幼儿园里可能会做的趣事，例如画画、唱歌、交新朋友等等。然后他们就开始行动，史坦对这次行动作了生动的描绘："我们都在饭厅桌子上画起画来，我太太、另一个儿子鲍布和我自己，都觉得很有趣。没有多久，提姆就来偷看我们究竟在做什么事，接着表示他也要画。"不行，你得先上幼儿园去学习怎样画。我以我所能鼓起的全部热忱，以他能够听懂的话说他在幼儿园中可能会得到的乐趣。第二天早晨，我一起床就下楼，却发现提姆坐在客厅的椅子上睡着。"你怎么睡在这里呢？"我问，"我等着去上幼儿园，我不要迟到。"我们全家的热忱已经使提姆内心里鼓起了对上幼儿园的渴望，而这一点是讨论或威胁、责骂都不可能做到的。

个人、体育团队、公司和整个社区能培养出热忱，其报偿必然是积极的行动、成功、快乐和幸福。这可以从体育比赛中看出来。美式足球史上最伟大的教练之一是温士·龙哈迪。皮尔博士在他的《热忱——它能为你做什么？》这本小书中，讲述了这么一个故事：

"龙哈迪到达绿湾的时候，他面对着的是一支屡遭败绩而失去斗志的球队。他站在他们前面，静静地看着他们，过了一段很长的时间之后，他以沉静但是很有力量的声音说：'各位，我们就要有一支伟大的球队了，我们要战无不胜，听到了没有？你们要学习阻挡，你们要学习奔跑，你们要学习拦截。你们要胜过你们对抗的球队，听到了没有？'"

"'如何做到呢？'他继续说，'你们要相信我，你们要应用我的方法。一切的秘诀就在这里（他敲着自己的印堂）。'从此以后，我要你们只想三件事：你的家、你的宗教和绿湾包装者队，就按照这个次序——让热忱充满你们全身！"

"队员都在他们的椅子上坐正。'我走出会议室'之后他写下他的感想"，觉得雄心万丈。那一年中他们打赢了七场球，球员还是去年的球员，但是去年却败了十场。第二年他们赢得区冠军，第三年赢得了世界冠军。怎么会呢？原因不只是球员的辛苦学习、技巧和对：运动的喜爱，还有热忱才会造成这样的不同。"

皮尔继续写着："发生在绿湾包装者队身上的情形，也可以发生在教室、公司、国家或一个人身上。头脑想什么，结果就会是什么。一个人真的充满了热忱，你就可以从他的眼神里，从他勤快、感动人心而受人喜爱的行为中看得出来，你也可以从他的步伐中看得出来，你还可以从他全身的活力看得出来。热忱可以改变一个人对他人、对工作以及对全世界的态度。热忱使得一个人更加喜爱人生。"

纽约中央铁路公司前总经理佛德瑞克·魏廉生说过这样的话："我愈老愈更加确定热忱是成功的秘诀。成功的人和失败的人在技术、能力和智慧上的差别通常并不很大，但是如果两个人各方面都差不多，具有热忱的人将更能得偿所愿。一个人能力不足，但是具有热忱，通常必会胜过能力高强但欠缺热忱的人。"

第二章　好习惯成就灿烂人生

著名哲学家培根曾说过："习惯是一种顽强而巨大的力量，它可以主宰人生。因此，自幼就应该通过完美的教育，去建立一种好的习惯。"著名经济学家凯恩斯也说过："成功的必要条件是养成良好的习惯，习惯塑造性格，而性格决定命运。"

习惯的力量初看似乎很微弱，常常被人忽视。但滴水穿石，习惯一旦形成，就会成为无形的巨大力量，影响人的思想和行为。良好的习惯是一个人做人、做事、做学问的根本，是一个人成功的基石。

良好的习惯是成功的捷径

播种一种行为，收获一种习惯；播种一种习惯，收获一种性格；播种一种性格，收获一种命运。好习惯出能力，好习惯出效率。良好的习惯是成功的捷径。

心理学家威廉·詹姆士说："我们从清晨起来到晚上睡觉，99%的动作，纯粹是下意识的、习惯性的。穿衣、吃饭、跳舞，乃至日常生活的大部分方式，都是由不断重复的条件反射行为固定下来的千篇一律的东西。"行为固定下来就成了习惯。

牧师华里克在他的作品《目标驱动生活》中有这样的论述：

"性格其实就是习惯的总和，就是你习惯性的表现。"也就是说各种各样的习惯加起来就构成了性格。习惯决定着一个人生活的方方面面，决定着一个人究竟能成为一个什么样的人。习惯决定性格从而决定命运。

良好习惯的养成是健康的人格之根，是成功的人生之基。成功与失败最大的分别，是来自不同的习惯，好习惯是开启、成功之门的钥匙，坏习惯则是一扇向失败敞开的门。不好的习惯会阻碍我们的发展，不好的习惯会使你失去"幸运"，不良的习惯会使你对机会视而不见，不好的习惯会阻碍你开发自己的潜能……

大哲学家柏拉图一次因一件小事毫不留情地训斥了一个小男孩，因为这个小男孩总在玩一个很愚蠢的游戏。

小男孩非常的不服气："您为什么为一个鸡毛蒜皮的小事而谴责我？"

柏拉图回答说："不批评你，你就会养成一个终生受害的坏习惯。"

柏拉图之所以要让这个小孩改掉鸡毛蒜皮的小坏习惯，就是因为他知道，有了这个坏习惯就别想成功。

习惯有好有坏，作为一个拥有自己的思想和灵魂的人，我们当然可以做出选择，为了我们自身的利益做出选择。我们每天、每月或者是每个时刻都在做出"怎么做"的选择。问题是，我们时常选择"不去选择"，而且是被动的接受命运的安排，就像歌中唱的那样"我们被锁链束缚，却从来不知道钥匙在自己手中。"在我们成长过程中，坏习惯就像一条大锁链把我们捆缚着。因此，我们要想成功就必须养成好习惯，努力冲破自我设限。

　　我们要有目的地建立起自己的一整套日常行为习惯。我们再也不能无意识地任由不良的行为习惯继续下去了，而必须有意识地构建新的日常行为方式。这便是有目的地去生活！

　　这里跟大家分享一首小诗，也许你会更加了解习惯这个词语的含义，你会更加主动地去选择习惯。

　　我是谁？

　　我是你的终身伴侣，我是你最好的帮手，我也可能成为你最大的负担。

　　我会推着你前进，也可以拖累你直至失败。

　　我完全听命于你，而你做的事情中，也会有一半要交给我，因为，我总是能快速而正确地完成任务。

　　我很容易管理——只要你严加管教。请准确地告诉我你希望如何去做，几次实习之后，我便会自动完成任务。

　　我是所有伟人们的奴仆，唉，我也是所有失败者的帮凶。伟人之所以伟大，得益于我的鼎力相助，失败者之所以失败，我的罪责同样不可推卸。

　　我不是机器，除了像机器那样精确工作外，我还具备人的智慧。你可以利用我获取财富，也可能由于我而遭到毁灭——对于我而言，二者毫无区别。

　　抓住我吧，训练我吧，对我严格管教吧，我将如整个世界呈现在你的脚下。千万别放纵我，那样，我会将你毁灭。

　　我是谁？

　　我就是习惯。

人是习惯的奴隶

成功取决于我们的处事风格，而我们的处事风格是由我们的习惯决定的。

一次，几十位诺贝尔奖得主聚会，记者问一位荣获诺贝尔奖的科学家："请问你在哪所大学学到你认为最主要的东西？"这位科学家平静地说："在幼儿园。""在幼儿园学到了什么？""学到把自己的东西分一半给小朋友；不是自己的东西不要拿；东西要放整齐；吃饭前要洗手；做错事要表示歉意；午饭后要休息；要仔细观察大自然。"

这位科学家出人意料地回答，不仅讲明了儿时养成好习惯，对人一生具有决定意义，也告诉我们好习惯有助于成功。

好习惯助人成功的例子不胜枚举。加加林的事例就是其中之一。

前苏联宇航员加加林是世界上第一位进入太空的人。他在 20 多名宇航员中之所以能够脱颖而出，起决定作用的是一个偶然因素。原来，在确定人选的前一个星期，主设计师罗廖夫发现，在进入飞船时，只有加加林一个人脱下鞋子，只穿袜子进入座舱。这个细节一下子赢得了主设计师的好感——这个 27 岁的青年如此珍爱他为之倾注心血的飞船。于是，决定让加加林执行人类首次太空飞行的神圣使命。

既然好习惯可以使人们成功，那么我们应该培养什么样的好习惯呢？

从习惯的层次结构来看，我们应该培养自己的情感和思维两个层面的良好习惯以及行为、情感、思维三个层面相互融合的整体性习惯。

情感层面的良好习惯有以责任为核心的爱与被爱的习惯、正确表达自己和体验他人情感的习惯、宽容的习惯、以快乐的心情对待所做事情的习惯、注重体验的习惯、善于合作的习惯、赋予同情心和同理心的习惯等。

思维层面的良好习惯有：做事有计划、有方法、有效率等做事习惯；讲究学习方法和策略、学用结合、敢于质疑、善于总结与反思、善于管理知识等学习习惯。

行为、情感、思维三个层面融合的整体性良好习惯有自主学习、研究性学习等学习习惯，公正、实事求是、敢于负责的对人对事的良好习惯等。

从习惯的类型来看，我们应该培养智慧型习惯和社会型习惯。

智慧型习惯如创新求异、不墨守成规的做事习惯；在思考中学习、收集信息，整理信息、多角度考虑问题、善于提问、善于总结与反思、多通道（眼睛、耳朵等多种贯通道）学习等学习习惯。

社会型习惯如爱护环境、与人合作、遵守规则、诚信、对自己对他人对社会负责等习惯。

另外，我们还要培养人格习惯。一个研究 148 名杰出青年的童年和教育经历的调查表明：他们之所以成为杰出青年，良好习惯与杰出人格是最重要的原因，而智商并非主要因素。在 148 名杰出青年身上，集中体现出这样六种人格特点：自主自立精神、坚强的意志力、非凡的合作精神、鲜明的是非观念和正确的行为、选择良友、以"诚实、进取、善良、自信、勤劳"为做人的基本原则。

举例说明，他们在童年时，如果未完成作业而面对游戏的诱惑，

60.13%的人坚持认真完成作业；66.8%的人非常喜欢独立做事情；79.73%的人对班上不公平的事情经常感到气愤；54.05%的人经常制止他人欺负同学的行为。

几乎在对148名杰出青年进行调研的同时，《少年儿童研究》杂志发表了一篇有震撼力的报告，即《悲剧从少年开始——115名死刑犯犯罪原因追溯调查》。该报告写道：115名死刑犯从善到恶，从人到鬼绝不是偶然。他们较差的自身素质和日积月累的诸多不良习惯是他们走上绝路的潜在因素，是罪恶之苗，是悲剧之根。他们违法犯罪均起源于少年时期，他们中的30.5%曾是少年犯，61.5%少年时犯有前科，基本都是劣迹，从小就有不良行为习惯。

柏拉图告诫一个游荡的青年说："人是习惯的奴隶。"

英国诗人德莱顿也说："首先我们养出了习惯，随后习惯养出了我们。"

两项调研表明，杰出青年和死刑犯的天壤之别，是由其行为习惯的不同决定的。

毫不夸张地说，习惯决定命运，习惯决定未来。一个好习惯可以助人成功，成就一个人；一个坏习惯也可以毁掉一个人。同学们应该在日常生活中养成好习惯，纠正不良习惯，为自己走向卓越打下基础。

自我培养习惯的黄金准则

习惯的养成与外部环境有很重要的关系，但是最重要的还是同学们自己的自我培养。良好的习惯是同学们在日常生活中不断的训练自己而养成的。

实践证明，真正的教育不在于说教而在于训练。严格要求、反复练习，是形成良好习惯的基本方法。如果同学们只停留在学习理论而不付诸实际行动的话，那么要养成良好的习惯就是。空谈。

我国古代就很重视行为习惯的训练，重视言行一致的作风。苟子曾经说过："不闻不若闻之，闻之不若见之，见之不若知之，知之不若行之，学至于行而止矣。"古代人把他们的道德要求编成《三字经》、《朱柏庐治家格言》等让人们牢记，并要求反复训练，效果是很明显的。

国外也很重视习惯的自我培养和训练。洛克说："儿童不是用规则教育可以教育好的，规则总是被他们忘掉。你觉得他们有什么必须做的事，你应该利用一切时机，甚至在可能的时候创造时机，给他们一种不可缺少的练习，使它们在他们的身上固定起来。这就可以使他们养成一种习惯，这种习惯一旦养成以后，便不用借助记忆，很容易地，很自然地发生作用了。"

洛克这句话虽然是针对教育者说的，但是同学们也能从中发现，习惯就是要在不断的训练中形成。

没有训练就没有习惯。同学们应该有意识地去培养自己、训练自己以求良好习惯的形成。

习惯养成的自我培养和训练要遵循以下几个原则：

一要制定计划。

"凡事预则立，不预则废。"这就告诉我们做任何事情都要事先做好预测，做一个计划，按照计划行事才能有条不紊，不至于手忙脚乱。我们在培养自己的习惯时要制定比较全面的计划。大到我们要培养哪些方面的习惯，分为几个步骤进行，如何在生活中训练自己，有一个什么样的训练目标，这些训练目标将在什么时候完成；小到具体的每天都要做哪些事情，这些事情在什么时候做，用什么样的方法做。这些都是我们的培养计划里要包含的。

二要循序渐进。

古代有个叫纪昌的人向神箭手飞卫拜师求艺，飞卫对纪昌说："学射箭要先练眼力，你应该先学会看准目标不眨眼，然后才能再学射箭。"

纪昌听了飞卫的话，便回家先学习不眨眼睛。他每天躺在妻子的织布机下面，两只眼睛直直地盯着两个脚踏板；妻子在织布机上织着布，他看着脚踏板一上一下地翻动。这样不间断地坚持了两年时间，纪昌真正做到了看见物体晃动而不眨眼睛。就是有一个锥子尖刺到了眼眶上，他的眼珠儿也是一动不动。

他以为练得差不多了，于是就跑到飞卫那里。飞卫听了对他说："还是不行！你还得继续锻炼眼力。你能够做到把一个很小的东西看得很大、把一个细微的东西看得很清楚才行。等你达到了这样的程度再来告诉我！"

纪昌听了老师的话，又回到家中练起眼力来。他用一根牛尾巴上的毛拴上一个虱子，挂在窗户上，每天朝它目不转睛地望着。这样练了十多天，那牛毛上的虱子在他眼睛里渐渐地大起来；练过了3年之后，那牛毛上的小虱子在他眼里就大得像车轮一般了。这时候，他再用眼睛看别的东西，面前就像出现了一座小山一样。

纪昌高兴地到了飞卫那里，把自己练习眼力的方法和所得的结果告诉了他。飞卫高兴地说："这回你可以学习射箭了！"于是，纪昌按照飞卫教给的方法练习起来。他用箭去射拴在牛尾上的小虱子，一天一天练下去。最后，他的箭射穿了小虱子的中心，而那细细的牛尾却没有断。

纪昌把自己的成绩告诉了飞卫。飞卫高兴地跳起来对纪昌说：

"射箭的妙处你已经得到了！"从此以后，纪昌就成了百发百中的能手。

这个故事告诉我们做事要循序渐进，我们培养良好习惯的过程也是这样。"一口吃不出个胖子"，只有循序渐进，从小到大，从不习惯到习惯，才能培养起习惯。不能急于求成，"心急吃不了热豆腐"，培养习惯得慢慢来。

三要持之以恒。训练要持之以恒，强调反复二字，不反复训练形不成习惯。"冰冻三尺，非一日之寒。"养成一个好习惯不是三两天的事。我们必须有很强的自制能力，坚持不懈地训练，不能"一暴十寒"，"三天打鱼，两天晒网"。

世界上的事情就怕认真，"水滴石穿"正是由于水滴的坚持和韧性。万事开头难，我们在培养一个良好习惯的过程中不可避免地会遇到很多困难，但是我们不能轻易放弃，一个新习惯的培养必然冲击旧习惯，而旧习惯不会轻易退出，所以要不断重复建立的新习惯，持之以恒，克服浮躁情绪。习惯在于坚持，习惯在于不懈的练习和培养。

四要对自己严格要求。"宝剑锋从磨砺出，梅花香自苦寒来。"训练还要严格。训练就要有个狠劲儿，不见实效不收兵。练习过程是一个漫长而痛苦的过程，但是我们要坚持下去，并按照高的标准来要求自己。只有经过痛苦的磨炼才能养成好的习惯。

战国时期的苏秦是当时的洛阳人。洛阳是周天子的都城。他很想有所作为，曾求见周天子，却没有引见之路，一气之下，变卖了家产到别的国家找出路去了。但是他东奔西跑了好几年，也没做成官。后来钱用光了，衣服也穿破了，只好回家。家里人看到他趿拉着草鞋，挑副破担子，一幅狼狈样。他父母狠狠地骂了他一顿；他妻子坐在织机上织帛，连看也没看他一眼；他求嫂子给他做饭吃，嫂子不理他扭身走开了。苏秦受了很大刺激，决心争一口气。从此以后，他发愤读书，钻研兵法，天天到深夜。有时候读书读到半夜，又累又困，他就用锥子扎自己的大腿，虽然很疼，有时候都刺出血了，但是这样精神却来了，他就接着读下去。这样用了一年多的功夫，他的知识比以前丰富多了。公元前334年开始，他到六国去游说，宣传"合纵"的主张，结果他成功了。第二年（公元前333年），六国诸侯订立了合纵的联盟。苏秦挂了六国的相印，成了显赫的人物。

这就是对自己严格要求的典范，我们不用头悬梁锥刺股，但是我们要在训练中提高对自己的要求。

培养好习惯的步骤

一位哲学家带着一群学生周游世界。10年间，他们游历了所有的国家，拜访了所有有学问的人，回来时他们个个都满腹经纶。进城之前，哲学家在郊外的一片草上坐了下来，弟子们围着哲学家也坐下来。

哲学家问："现在我们坐在什么地方？"弟子们回答："现在我们坐在旷野上。"哲学家又问："旷野上长着什么？"弟子们说："杂草！"

哲学家说："你们有什么办法能除掉这些杂草。"弟子们非常惊愕，他们都没有想到，一直在探讨人生奥妙的哲学家，竟然问这么简单的问题。

一个弟子抢着说："只要用铲子就够了。"哲学家点了点头。

另一个弟子接着说："用火烧也可以。"哲学家微笑了一下。

第三个弟子说："撒上石灰就会除掉所有的杂草。"

第四个弟子说："斩草除根，只有把根挖出来才行。"

弟子们都讲完后，哲学家站了起来，说："课就上到这里，你们回去后，按照各自的方法去除掉杂草。没成功除掉杂草的，一年后，再来这里聚！"

一年后，弟子们都来了，不过原来相聚的地方已不再是杂草丛生，它变成了一片长满谷子的庄稼地。这些弟子围着坐下，等待哲学家的到来，可是老师始终也没有来。十几年后，哲学家去世，弟子们在整理他的言论时，发现哲学家在最后一章上写着：要想除掉杂草，方法只有一种，那就是在上面种庄稼。

同理，我们不能抹去一个坏习惯，只能用一种好习惯替换它。因此，在着手改掉坏习惯之前，我们必须仔细地思考究竟应该选取哪些好习惯来替换它们。

在改掉某种习惯之后，必然会产生某种必须填补的空白。因此，有目的地选取好习惯来取代坏习惯是至关重要的。只有这样，才能够避免一个坏习惯刚离开，另一个坏习惯又接踵而至。

替换习惯中的坏习惯，培养好习惯不是一蹴而就的，要有步骤地进行。培养好习惯要遵循以下几个步骤：

（1）小步起跑。习惯的培养要小步慢跑，不要一下子提过高要求。例如，我们培养写日记的习惯，第一次对自己的要求不要太高，不要要求自己一写就写长篇大论来，只要写真实感受就行，哪怕是几句，我们要培养学英语的习惯，一开始，可以只记几个单词即可，不用要求自己立马就背诵莎士比亚的诗歌；我们要培养锻炼身体的习惯，开始只要慢跑几百米就行，不用立马跑个马拉松。这样我们才不会对自己所做的事情失去兴趣，当你看到自己已经取得的成果时，就会有一种成就感，这种成就感会鼓励你继续坚持训练下去。你的兴趣也会越来越浓。

（2）逐渐加速。有了慢慢的开始，逐渐提高要求.。比如，写日记从最初的几句话，逐渐达到几十字、几百字。英语单词从每天的三四个到五六个，从五六个到十个，逐渐增加。这样慢慢地、不知不觉间，提高了要求。

（3）不怕慢，只怕站。不要为自己找借口，对坚持的习惯中途不能中断，要持久坚持。不要随意应付，或给自己一个"不差这一天两天"的托辞。

（4）控制时间、空间，制订计划。进一步培养习惯，就要制订比较全面的计划，我们要增强对自我行动的时间和空间的控制能力。从时间上，确定从早到晚的行动计划，什么时间锻炼、上学、作业、看课外书、绘画、看电视、做自己感兴趣的事，用多少时间都要有明确的计划和安排。不但如此，还要有周计划、月计划、年计划，使每日、每周、每月、每年的时间安排有序化、有益化。并且，要注意计划表后要有个考评表，才更有利于执行。从空间上，我们要使自己处于能够把握自己的环境，什么游戏厅、网吧这些地方，一旦进去，我们便容易失去控制，不由自主地放弃好习惯。"不见可欲，使民心不乱。"控制自己不去接近那种环境，就能很好地控制自我，有助于习惯的培养和矫正。注意订计划的时候，任务指标不要订得过高，要让自己觉得稍加努力便可达到，稍稍一跳，便可把果子摘下来。

（5）进入轨道。当你按计划行动起来，逐渐提高了效率，每天定时定量地锻炼、预习、做题、背单词、写日记、唱歌、绘画，到了某段时间就做某件事。遇到特殊情况少做一点，做慢一点儿，但不要停下。按照这样的计划做事，惯性就会越来越大，就像列车在轨道上行驶，就再也不会走走停停了。

进入轨道之后，当然也需要检修。一是防止外部干扰，对外界不良的引诱要及时切断；二是内部故障，如你的情绪不佳、旧病复发、犹豫拖拉等，最好的办法就是以最快的速度把注意力引导到做当时力所能及的实事、小事上去。

习惯培养或矫正关键在前7天，重在一个月。根据行为学家研究，一个习惯的养成平均天数为连续21天，若要长期固定尚需不断强化，大概要90天可固定。习惯的培养或矫正必须持之以恒，我们还要学会自我暗示："我是一位成功者，我有坚强的自信，我一定能战胜自我，我有明确的目标，我有非凡的自制力和坚持到底的毅力，我有严格的生活、学习计划，每分每秒做最有效的事情"等。自我暗示的内容可以根据自身的特点、弱点及不良习惯提出相应自我激励的语言。但需要注意的是在采用自我暗示时，一定要以正面行为来暗示，如"想改掉粗心"，暗示时就要代之以"细心"，如我很细心，不论学习或做事我都非常认真，非常细心。

古罗马不是一天建成的。好习惯也不是一天形成的。按照以上步骤才能逐步培养其良好的习惯。另外需注意的是，力求一次只矫正一个坏习惯，且最好从小处着手，从最容易改正之处着手。在缺点很多的时候，就要考虑"哪个缺点应首先改正"，对最主要的缺点要集中精力反复地克服，直到彻底改正为止。这个缺点改正了，再转向改正第二、第三个缺点。

不要一下子试图改正很多缺点。有条不紊地进行好习惯的培养和坏习惯的改正才能逐步走向成功。

为自己的习惯写份承诺书

承诺是什么？承诺是一种誓言的忠守，承诺不该是一种谎言的翻版。承诺应该是一种所负的责任，承诺不该是一种所弃的包袱。承诺不是脱口而出的豪情，承诺不是情不自禁的抒发。既然承诺了就要信守。承诺是一种责任，说到就要做到，要用行动去践行自己的一承诺。我们在培养习惯的过程中也要给自己一个承诺，然后去遵守，去履行给自己的承诺。

美国总统富兰克林在他 27 岁的时候为自己写下了 13 条生命中必须具备的美德作为承诺。在他的自传里，他表示这是自己在力图帮助他自己。他写道：

我的目的是养成所有的这些美德的习惯。我认为最好的还是不要立刻全面地去尝试，以致分散注意力。最好还是在一个时期内集中精力掌握其中的一种美德，当我掌握了那种美德以后，接着就开始注意另外一种，这样下去，直到我掌握了 13 种为止。因为先获得的一些美德可以便利其他美德的培养。所以，我就按照这个主张把它们按下面的次序排列起来……

富兰克林所列举的 13 种美德以及他给每种美德所注的箴言（自我暗示）如下：

1. 节制。食不过饱，饮酒不醉；
2. 寡言。言必于人于已有益，避免无益的聊天；

3. 生活秩序。每一样东西应有一定的安放地方；每件日常事物当有一定的时间去做；

4. 决心。当作必做，决心要做的事应坚持不懈；

5. 俭朴。用钱必须于人或于己有益，换言之，切戒浪费；

6. 勤勉。不浪费时间，每时每刻做些有用的事，戒掉一切不必要的行动；

7. 诚恳。不欺骗人，思想要纯洁公正；说话也要如此；

8. 公正。不做损人利己的事，不要忘记履行对人有益而又是你应尽的义务；

9. 适度。避免极端，人若给你应得的处罚，你当容忍之；

10. 清洁。身体、衣服和住所力求清洁；

11. 镇静。勿因小事或普遍不可避免的事故而惊慌失措；

12. 贞节。除了为了健康或生育后代起见，不常进行房事，切戒房事过度，伤害身体或损害你自己及他人的安宁或名誉；

13. 谦虚。仿效耶稣和苏格拉底。

富兰克林进一步写道：

接着，按毕达哥拉斯在他的《含诗篇》里所提出的意见，我认为每日必须检查，因此我想出下面的方法来进行考查。

我做了一个小册子，把每一种美德分配到1页，每一页用红墨水画成7行，一星期的每一天占1行，每一行上注明代表星期几的一个字母。我用红线把这些直线画成了13条横格，在每一横格的头上注明每一美德的第一个字母。在这横格的适当直行中，我可以记上一个小小的黑点，代表在检查当天该项美德时所发现的过失。

成千上万的人读过富兰克林的自传，也许他们并没有学会如何去应用这本书中所包含的成功原则。然而，至少有一个人照着做了，他就是富兰克·贝特吉。

贝特吉是商业上的失败者，所以他经常倾听可供他应用的信息，寻求一种可行的、切合实际的公式。这公式将有助于他帮助自己，这时他发现了富兰克林成功的秘密。富兰克林说，他的全部成功和幸福都仅仅归功于一个概念——个人成就的一个公式。富兰克·贝特吉认识了并应用了那个公式，结果使自己从失败走向了成功。贝特吉把他的目标写在分开的13张卡片上，其中有7项照抄富兰克林的，另外6项是根据自己的弱点、坏习惯提出的优良品格习惯。第一张卡片的标题是："热情"，附着自我激励警句："要热情，就要行动热情。"只要不断地自我暗示，然后紧接一个行动即可获得热情。情绪不能立即降服于理智，但情绪总是能够立即降服于行动。

为什么你不像富兰克林那样给自己一个承诺呢？如果向自己许诺并坚持履行它，你也会像贝特吉那样从失败走向成功，获得你所寻求的东西——智慧、德行、幸福、健康或财富。

怎样才能促使自己履行自己的承诺呢？那就要求同学们学会自我管理。

首先要做好自我管理的准备。我们要树立这样的观念：任何一种行为都是可以改变的，不良行为也不例外。只要采取恰当的方法，加上本人坚持不懈的努力，一个人自己就可以改变自己的行为。

行为的改变不可能一蹴而就，总得经历一个过程，就像小孩进餐从使用调羹改为使用筷子不是一下子就会了的。对行为改变除了要有信心，还得有耐心和恒心。

把今天面临的问题和困境，如老师批评、父母指责、成绩下降等，与把自己玩电子游戏时快意的感受相联系，多想想正是当时的这种快意造成了当前的种种痛苦。不妨多设想自己的问题解决后会出现的令人愉悦的情况，如有更多的时间复习功课、上课精力集中、成绩明显上升、老师表扬、父母满意等。

然后要拟定自我管理计划，写出自己在规定的时间内可以做哪些事情，不可以做哪些事情。写出具体的自我管理的步骤和措施，按照所写的措施逐步进行。

第三步是自我观察、自我监督和自我评价。对此可以：①利用记录单所提供的资料，每周绘制图表，直观地审视自己行为变化的进程。②每周写一篇简短的关于自己行为变化的周记，主要谈自己的内心感受、体会和认识。③写一些"我就是行，做事能拿得起又放得下"、"我真棒，下决心做的事就一定能做到"之类的话语，用这类话对自己行为的积极变化进行自我表扬。④编撰"我真那么没出息吗？""我能让这样的游戏毁了自己吗？"之类的话语，用这些话在自己不能按要求去做时进行自我谴责。

以上是你应该给自己的承诺，这是一种你和自己达成的契约，你要努力地去履行，不能违约，否则就前功尽弃。做一个有诚信的人，不光是对他人，更是对你自己。

第三章　从小学会积极思考

有人会说，只要我思考了就能达到锻炼大脑的目的，这话不假，但没有正确的思考方法就不能很好地锻炼大脑，甚至会对大脑产生抑制作用。如果我们对大脑进行的训练都采用一个模式，那么这种锻炼就会对大脑产生抑制作用，因而我们应该掌握正确的思考方法。

好好利用头脑这个资产

亿万富翁亨利·福特说："思考是世上最艰苦的工作，所以很少有人愿意从事它。"

"你的头脑是你最有用的资产，但如果使用不当，它会是你最大的负债。"

一首名为《时代在改变》的歌中唱到：你最好学会游泳，否则你会像石头一样下沉。

拿破仑·希尔在演讲中曾经反复强调"思考致富"。为什么是"思考"致富，而不是"努力工作"致富？最成功的人士强调，最努力工作的人最终绝不会富有。如果你想变富，你需要"思考"，独立思考而不是盲从他人。富人最大的一项资产就是他们与众不同的思考方式。如果你做别人做的事，你最终只会拥有别人拥有的东西。而对大部分人来说，他们拥有的是多年的辛苦工作，高额的税收和终生的债务。

致富有捷径吗？回答是肯定的。

捷径的定义是，比一般的途径更直接且更快地完成某件事情。

走捷径的人一定知道自己的目的地。他必须走出去，无论中途遇到何种障碍，都必须继续下去，否则永远达不到目的地。

为了成功和富裕，你必须培养积极的态度，应用这些成功的法则，影响、运用、控制及协调所有已知及未知的力量。你要能够为自己思考。

所以，致富的捷径只有简单的一句话："用积极的态度去追求财富。"

当你确实以积极的态度思考时，自然会有所行动，达成你所有正当的目标。乔治·哈姆雷特曾在伊斯诺州的退伍军人医院疗养，他的时间很多，但是除了读书和思考之外，能做的事情并不多。他懂得思考的价值，对自己充满了信心。

乔治知道很多洗衣店，在烫好的衬衣领加上一张硬纸板，防止变形。他写了几封信向厂商洽询，得知这种硬纸板的价格是每千张4元美金。他的构想是，在硬纸板上加印广告，再以每千张1元美金的低价卖给洗衣店，赚取广告的利润。

乔治出院后，立刻着手进行，并持续每天研究、思考、规划的习惯。

广告推出后，乔治发现客户取回干净的衬衫后，衣领的纸板丢弃不用。他问自己："如何让客户保留这些纸板和上面的广告？"答案闪过他的脑际。

他在纸卡的正面印上彩色或黑白的广告，背面则加进一些新的东西——孩子的着色游戏、主妇的美味食谱、或全家一起玩的游戏。

有一位丈夫抱怨洗衣店的费用激增，他发现妻子竟然为了搜集乔治的食谱，把可以再穿一天的衬衫送洗！

乔治并未因此自满。他野心勃勃，想让自己的事业更上一层楼。他把每千张美金1元的纸板寄给美国洗衣工会，工会便推荐所有的会员采用他的纸板。因此，乔治有了另外一项重要的发现，给别人你所喜欢及美好的事物，你会得到更多！

缜密的思考和规划为乔治带来可观的财富，他认为一段独处的时间，是招徕财富必要的投资。

再次强调，致富的捷径是：以积极的思考致富并且有积极的心，相信你能，你就做得到！无论你是谁，不管年龄大小，教育程度高低，都能够招待财富，也可以走向贫穷。各行各业的人士，都不要低估思考的价值。即使躺在床上也能思考！即使你躺在医院的病床上，研究、思考及规划，也能致富。

美国一所大学经过多年的调查发现，许多事业成功的百万富翁们由于根本不在乎前进道路上的各种或明或暗的障碍，或者说，因为他们用经验弥补了缺陷，所以终于能够取得这个地位。大多数白手起家的百万富翁在其一生中总要面对一个或几个重大的障碍。如果不搬掉这些具有潜在破坏性的绊脚石，他们就不可能成为经济上的成功者。

对大多数百万富翁来说，接受权威人士所给他们的负面评价是最大的不幸。许多人在智商测试、学习能力测试和其他测试中失败了，同时，这些人又愿意接受命运的安排，所以，他们甚至在达到法定选举年龄之前就已经投降了。对他们来说，差的等级和其他低分自然而然地转化为后来在经济上的低效率。而白手起家的百万富翁们选择了另一条道路：他们就是不相信那些贬低他们、而且是反复贬低他们的权威人士。他们有远见、有勇气、有胆量地向老师、教授、业余批评家和教育测试中心所绘出的评价进行挑战。

白手起家的百万富翁似乎拥有一种有趣的"免疫系统"——很强心理承受能力。他们有一种后天获得的挫败恶意批评者过激言论的能力。这种心理盔甲是他们在青少年时期就开始锻造的。一段时间后，他们的免疫系统更具抵抗力。为什么呢？因为这些百万富翁，即使在后来，仍然不断地反抗各种批评者和权威人物的负面评价。

即使是钢铁，如果没有锤炼，也不可能坚硬无比。人也是这样。对于白手起家的百万富翁们来说，某些权威人物所作的贬低的评价对于他们最终取得成功起过一定的作用，锤炼铸就了他们所需要的抵抗批评的抗体，坚定了他们的决心。

一个人事业上的成功与他们如何对待批评者之间存在着联系，关于这一点，那些成功的人士是怎么做的呢？他们大多数人要么对批评者不予理会，要么把批评当作一种激发他们取得成功的动力。大多数百万富翁把批评者说成是某种对他人做出负面评价与预言的人。批评者不像良师益友那样热情地帮助他人实现自我改善，而是热衷于改变他人的目标。事实上，他们似乎是想看到别人的失败，好像他们是以看到自己的预言成为现实而感到满意。

批评者曾告诉过百万富翁：

"你绝对不会成功。"

"你缺乏成为律师的才能。"

"对于一桩新的生意来说，那是我所听到的最笨的想法。"

"你确实没有希望获得成功。"

一个人如果接受了这种负面的观点，就会早早地从经济战场上撤退下来。所以没人会把这种批评当一回事。许多百万富翁实际上只是把这样的批评看成是说教，而他们就是喜欢反驳说教。恶意的、负面的批评家有一个共同的特征，他们唯的一本事就是鼓吹负面的预言。他们常常妒忌真正有才能的人、有可能成功的人。但是，多数职业批评家都缺乏相同的素质——他们不能接受别人对他们的批评。那么，他们怎样才能保证自己不受到批评呢？他们以攻为守。他们挑衅性地和攻击性地批评那些已经取得或将要取得成功的人。这就是他们通过扮演审判官、陪审团甚至上帝的角色以加强自己地位的一种方法。

成功者是与众不同的，他们从不跟在别人后面；而那些不愿跟在别人后面的人往往因其与众不同而受到批评。有一位很有成就的大学教授说："如果你不发表著作，你就不可能到好的学校任职。但是，你会有很多朋友。你发表了很多著作，你就不可能在你的同事中真正受到欢迎。"

成功的获得往往以失去一些人、失去一些老朋友为代价。

思考方式决定行为目标

提起思考，有人总是说："思考？那是科学家、发明家和伟人的专利，我们可没有机会。"

甚至还有人说："现在工作太忙，我哪儿有多余的时间和精力去思考。"

事实真的如此吗？当然不是。思考并不是科学家、发明家和伟人的专利，像你我这样的普通人同样有思考的权利，因为脑子是自己的，思考权应该操在自己手里。毕竟，我们的一切活动，包括人际交往、工作态度、对目标追求的手段和方式以及对更高层次的向往等等，都是由思考决定的。

为什么演艺明星、社会名流、商业巨子以及那些虽无众人皆知的成就但却实现了自己人生价值的人们，能取得大大小小的成功？原因就是他们有独特的思考技巧。

所以，从成功这个意义上说，人的成就首先是"想"出来的，是在正确思考后，采取行动干出来的。想就是思考。

如果你的思考和自信、成功、乐观联系在一起，那么你会有一个圆满的人生；如果你总是想到自卑、失败，忧愁，总是小心翼翼、缩手缩脚，那么你的命运也不会好到哪里去。

成功人士为什么会成功？说到底是因为他们具有独特的、思考技巧，是思考决定了他们的成功。

居里夫人在法国读书时生活很贫困，由于她成绩优异，她的祖国波兰的"亚历山大基金会"为此颁发给她600卢布的奖学金，资助她在法国继续深造。

数年后，居里夫人在研究钢铁的磁化方面获得了成功，法国科学协会发给她一笔酬金。尽管那时居里夫人的生活也不富裕，但她除了用这笔钱购置实验仪器外，余下的款额全部寄回给波兰的"亚历山大基金会"。

居里夫人这么做的意图是什么？当时她又是怎样想的呢？这些问题居里夫人后来在给"亚历山大基金会"的信件是这样解释的，她说："我把你们的奖学金看成光荣的借款，它帮助我获得了初步的荣誉。借款理应归还，请把它再发给另一个生活贫寒而立志争取更大荣誉的波兰青年！"

按照普通人的思考方式，学习成绩优异，获得奖学金是一件很平常的事，也是理所应当的事，而且，奖学金也不是什么银行借款。至于以后参加工作能取得多大成就，创造多少价值出来，似乎与今天获得的奖学金没有太大的关系。

以上自然是普通人的想法，极富思考技巧的居里夫人却不这样认为，她以博大的胸怀，将别人眼中视为理所应得的奖学金看成是光荣的借款，理应归还。她用这些奖学金购置了一些自己必需的实验仪器，剩下的款额全部寄回给"亚历山大基金会"，希望发给另外一位生活贫寒而立志争取更大荣誉的被兰青。或许正是这种思考方式培养出了一个伟大的科学家。

不同的思考方式决定不同的行为目标，考虑未来的技巧为你创造一种未来的新形象，要想取得突出的成绩，思考必不可少的。

保持灵活的大脑

心理研究表明，即使是白痴，也是会有疑问的，不存在无疑问的人生。胡克教授在他著的一部叫《人生如痴人说梦》书中，解剖白痴心理时说道："白痴的疑问经由一个正常人无法企及的感觉通道发挥作用，几乎个个问题都与生命的大问题相关。"也就是说，白痴的思维逻辑里蕴藏着解决基本问题的奇妙方法。可惜我们太正常了，无法理解其运行方式。言语之间，甚至对"正常"也提出了置疑。

詹姆斯·E·艾伦说："学会了问问题，就已经学会了思考。"思考将带来新的问题。基布尔学院的威廉·休斯克教授在心理研究教师团里能够自成一家地独立出来，主要靠的是他对人的早期心理研究卓有成效，从而使牛津大学在心理研究上有了自己的一张王牌。

威廉·休斯克的最著名结论是："个性从第一个疑问开始形成。"他认为婴儿时代的疑问将人生导向疑问的深渊。他认为如果婴儿对周围环境表现出好奇和敏感，最终将成长为具有社会倾向的个性；面对自己的身体感兴趣的婴儿，最终将具备内省式的个性。

人生在思考中度过。我们最基本的生活方式是思考。一个人不惯于思考，生活就变得机械、麻木、没有创造力，根本不可能成就一个了不起的个性，永远是三流人物。

一个人要想保持头脑灵活，必需掌握一定的诀窍，主要包括：

（1）经常用脑

思考对大脑来说，如机器运转，不思考的大脑就会像久停的机器一样锈蚀。经研究证明，人脑智能远未完全被开发出来。经常用脑无疑是开发智能的良方，多阅读多提问，能促进脑细胞更好地新陈代谢，提高思考和记忆力。

（2）信息筛选

人脑可贮存1千万亿条信息。如此多的信息如不加以筛选，必将互相干扰，影响思考效果。每天都应该对进入大脑中的信息做一次回忆整理，分清主次，对主要信息可用脑力去思考并进行记忆，对次要信息则可以不做强化记忆。

（3）有张有弛

在大脑神经细胞中，各细胞群之间有一定的分工。当思考研究每一问题时间过长时，人往往会感到疲劳，效率会下降。这时可转换一下思考内容，或者去阅读一下图书资料。这样有助于脑细胞功能恢复。当脑力工作疲劳时，可转换一些体力劳动和娱乐活动，这样可使紧张的脑神经松弛下来。

（4）体质投资

高效率的脑力工作必须有良好的身体做保证。思考中脑细胞对氧的需求量很高，体质差的人吸收氧的能力低，大脑常常供氧不足。因此思考时间长了就会头晕。如此说来，加强锻炼，增加营养，对健脑补神都是很重要的。在主食中增加蛋白质、葡萄糖、卵磷脂类食品对大脑很有益处。另外，充足的睡眠也是补养大脑的方法。睡眠是精力源泉，是患者的良药。生理学家证明，良好的睡眠有助于记忆整理。睡眠时大脑可以对白天积累的信息进行自动调整，为日后使用提供资料。

三思而行有把握

在生活中时时刻刻都要讲究一个用心。做一件事，如果不是经过反复考虑才决定的，那肯定是一种任性鲁莽的行为；与人交谈，如果没有用心去听，很快会惹来朋友的不快，以至拂袖而去；同样，学生上课时没有用心地去听老师讲课，这一节的内容知识肯定没有掌握，以至到考试时才抓耳挠腮。时时事事都要三思而行，要用心去听、去看、去学，才能不鲁莽行事，才能具有生命的活力，才能以不变应万变。

行成于思，毁于随。古今中外，凡有成就者，均敏于思。不思就不会有孔子的学说，不思就不会有屈原的《离骚》，不思就不会有王充的《论衡》，不思就不会有祖冲之的圆周率，不思就不会有张衡的地动仪，不思就不会有李杜诗篇，不思就不会有李时珍的《本草纲目》等等，无一例外。

三思而行的具体方法表现在以下 8 个方面：

（1）剔除成见法

凡事思考，不要戴着色眼镜去观察事物，做判断之前不要带有成见，本能的不是喜欢，就是反对。剔除成见的思维方法，目的在于使你能够客观地认识世界，并且不受头脑中的定势所左右。

（2）面面俱到法

凡事决定以前，要确切地看清所考虑问题的任何细节，不要有所遗漏与忽视。任何细节的遗漏和忽视，都会影响事情的质量。

（3）慎始敬终法

凡事三思，要慎重地预想自己行为的后果，然后从后果来反推所面临的选择。

（4）确定目标法

凡做事，必须思考做事的目的，避免行动的盲目性。如果对行为的目的始终非常明确，就可以把注意力集中到如何解决问题上，找到解决问题的方法。

（5）重点思考法

凡事不仅要多方思考，更要找出重点、关键点优先思考，以决定对事情的取舍与方法的运用。有的人在考虑问题时，不分主次，只凭一般的感觉。凭感觉的思考方法，无法在诸多因素中，选择出最重要的几个因素和最可能发生的情况。

（6）博采广选法

思考时要博采众议，对各种意见和看法进行广泛地收集，筛选最佳方案。

（7）设身处地法

人们在各抒己见时，常常与对方的见解发生抵触。在邻里之间，上下级之间，甚至夫妻之间，这种情况也时有发生。如果能设身处地站在对方的角度去考虑问题，也许可以打破僵局，使问题得到妥善解决。

（8）思想解决法

有时，在解决某个问题时，常感到已经绞尽脑汁，但仍是百思不得其解，便需要开拓思路，突破原有的模式，进行大胆的设想，就能有所发现，有所创造。要学会"狂想"，要想到所有可能的情况，即使被认为不着边际，乃至荒诞不经，也不妨试它一试。

思考误区的陷阱

思考是一件重要的工作，最令人费神，也最冒风险。有的人为什么会失误，其中的原因在什么地方？许多情况下是由于思考方式不正确，如事先没有收集到准确的信息，没有找到其他更好的选择等。

但有的时候，思考失误的原因不在于思考过程本身，而在于思考者本人的主观想法。研究者已发现影响人们思维的一系列的缺陷或陷阱，有些是错误的感觉，有些是偏见，有些是我们思维中非理性的因素。

之所以称其为"陷阱"，是因为它们不易察觉，它们就融于我们的思维过程中。

（1）现状陷阱

有人曾做过一个实验，请 10 个人出来，发给每人一份小礼物，礼物有两种，分别是漂亮的杯子和好吃的巧克力。这两种礼物价值相同，并且每个人都可以和别人互相交换。按理说，应该有 1/2 的人去和对方交换，实际上只有一个人这么做了。这是怎么回事呢？就是现状效应在发生作用。

这种现状效应是一种陷阱，隐藏在每个人的头脑中，是一种自我利益保护心理。

要打破"现状"，就要采取行动，而行动本身又意味着风险，承

担风险就有可能面临指责。维持"现状",在多数情况下是因为这是减少我们心理压力的途径,但在同时也失去了成功的机会口

日常经历还告诉我们,当选择越多时,我们越容易受现状的影响。公司里碌碌无为的员工一般并无多大风险,但有新点子,却做错了事的员工则有可能招来指责,甚至被扣奖金、炒鱿鱼。许多公司在实施收购后,都不愿意冒险立即采用一种全新、合理的管理方法,其中典型的理由是"等形势稳定后再说"。其实时间拖得越久,现有的结构影响就越牢固,改变起来就越难。

如何对付现状陷阱呢?

①牢记自己所订立的目标,随时审查自己是否被"现状"困扰,现有的情形是否是成功的障碍;

②不要夸大自己的成本或努力,这样做只是自欺欺人;

③去寻找其他的方法,并权衡利弊;

④记住对现状的渴望随着时间改变面改变,将来的现状与今天的情形不可同日而语。

(2)结构陷阱

宾西法尼亚和新泽西是美国境内相邻的两个州,为了减少车辆保险费用,两个州对法律都做了一些相同的修改。其内容是:如果驾车者放弃对某些交通事件的起诉权,他们就可以少缴纳一些车辆保险费。

在表达方式上,宾西法尼亚州的法律规定:"你拥有所有交通事件的起诉权,除非你另外声明。"

新泽西州的法律规定:"你自动放弃某些交通事件的起诉权,除非你另外声明。

结果,在宾西法尼亚州只有25%的人选择了有限的起诉权,而新泽西州的比例却高达80%。仅仅是法律条文的措辞不同,新泽西

州就花费了两亿美元的诉讼费和车辆保险费。这就是结构陷阱的影响。

如何设计问题的形式，在一定程度上会影响我们的决定。如何防止这种结构陷阱呢？①不要机械地接受问题；②尽量由自己提出问题；③不断地怀疑问题；④把别人的意见和自己的看法进行比较，如果适用就采纳下来。

（3）沉锚陷阱

现在请一组人都回答下面的问题：

①新加坡的人口超过2000万吗？

②你猜新加坡的人口有多少？

再请另外一组人回答：

①新加坡的人口超过1亿吗？

②你认为新加坡的人口有多少？

实践证明，人们在回答第二个问题时，无形中受到了第一个问题的影响，第二个问题的答案随着第一个问题数字的增大而增大。这个简单的实验足以说明人们心中有一种常见而有害的现象，即"沉锚效应"。

当我们考虑做一个决定时，大脑会对得到的第一个信息给予特别重视。第一印象或数据就像沉入海底的铁锚一样，把我们的思维固定在某一个地方。

沉锚效应有多种表现形式，它有时是别人无意中的一个建议，有时是晚报上的一个数字。

怎样避开沉锚陷阱呢？

①从不同的角度看问题；

②不被某个人的意见左右；

③寻求不同的意见、方法；

④向顾问、咨询员提供广阔的、思维的条件。

（4）有利证据陷阱

有一家公司的总经理，他要做一个是否取消增加机器设备计划的决定。因为他担心公司的出口业务的增长会放缓，又担心出口的货币可能会贬值，影响产品竞争力，最终会减少出口量。在做决定前，他向最近刚刚否定了一项建设计划的老朋友请教。最后朋友劝他，赶紧取消机器设备的采购计划。一时之间，这位总经理陷入了茫然，不知道自己该怎么办。

在这个时候，不能急着做出决定，因为有可能会掉进"有利证据"的陷阱之中。这种"有利证据"陷阱会诱使人们寻找支持自己意见的证据，躲避和自己意见相矛盾的信息。

怎样绕过有利证据陷阱呢？

①审查自己对各种信息是否给予了相同的重视；

②征询别人的意见时，不要找那种模棱两可的对象；

⑧努力向自己意见相反的方向着想；

④审视自己的动机，是在收集信息做出正确的决策，还是在为自己的决定寻找有利证据？

当我们在进行思考时，偏见、错觉会影响思考的每一个环节。如果我们意识到这些小把戏的存在和它们的危害性，至少可以测验和约束自己，找出主观错误，采取行动来避免走入思考的陷阱。

第四章 观察力是智力的重要组成部分

观察使人的智慧有了生机和翅膀，观察是智力活动的开端和源泉。大自然给我们提供了观察的舞台，生命赋予我们观察的力量，心灵告诉我们观察的技巧，生活告诉我们观察的奥妙。让我们用眼睛去看，用耳朵去听，用双手去触摸，用心去发现这个斑斓美丽的世界。

思考来自用心的观察

一天，一位埃及法老设宴招待邻邦的君主。法老准备了极其丰盛的饭菜，在御膳房里，上百名厨师正在炊烟中忙着做各种复杂的饭菜。

忽然，一个厨师不慎将一盆油脂打翻在炭灰里，他急忙用手将沾有炭灰的油脂捧到厨房外面倒掉。等他回来用水洗手时，意外地发现手洗得特别干净。厨师非常奇怪，因为平时厨师们洗手时，为了去掉油污，都先用细沙搓一遍，然后再用清水洗。而这次他没有用沙子，就将油污洗得很干净。于是，他请别的厨师也来试一试，结果，每个人的手都洗得非常干净。从此以后，王宫的厨师们就把沾有油脂的炭灰当作洗手的东西了。

后来，这件事情被法老知道了，他就吩咐仆人按照厨师们的方法把掺有油脂的炭灰制成一块一块的。这就是人类历史上最早的肥皂。

下面我们再来认识三位细心的人。

伟大的物理学家艾萨克·牛顿坐在苹果园的椅子上，突然看见一只苹果从树上掉了下来。他开始思索，想知道苹果为什么会掉下来。最终发现了地球、太阳、月亮和星星是如何保持相对位置的规律的。

一个名叫詹姆斯·瓦特的小男孩静静地坐在火炉边，观察者上下跳动的茶壶盖，他想知道为什么水壶可以使沉重的壶盖移动，从那时起他就一直思考着这个问题。长大之后，他发明了蒸汽式发动机。

一个叫伽利略的人在意大利的大教堂内，对往复摆动的吊灯产生了浓厚的兴趣。后来，他从中得到了启发，终于发明了摆钟。

当你看到一艘汽船、一间蒸汽磨房、一辆蒸汽火车，甚至一块肥皂时，要记住，如果没有人细心观察，它们是绝对不会出现的。当你细心观察身边发生的事情时，你一定会有很多惊讶的发现。

我们的社会之所以会不断进步，就在于人类会思考，而思考来自于用心的观察。

不要过于注重外表

有一所中学请一位著名的教授来给学生作一次演讲。

在演讲之前，教授拿了两杯水，一杯黄色的，一杯白色的。他故作神秘地对学生说："你们从这两杯水中选择其中的一杯尝一下，不管是什么味道，先不要说出来，等实验完毕后我再向大家解释。"

随后先问甲乙两位同学："那么你们想喝哪杯水？"甲乙二人看了看，都说要黄色的那杯，接着教授又去问丙丁两位同学，丙丁二人也同样要尝试黄色的那杯。教授满足了他们的要求。就这样，总共有200多个同学做了尝试，其中只有1/3的同学选择了白色的那杯。

之后，教授问同学们："黄色的那杯是什么水？"2/3的同学伸出舌头回答："是黄连水。"说完就哈哈笑起来。

"那你们为什么想要尝试这一杯呢？"教授接着问道。

那些同学又回答："因为它看起来像果汁。"

教授笑了笑，接着又问尝过那杯白色水的同学。这些同学大声答道："是蜂蜜。"

"那你们为什么选择尝试白色的这杯呢？"

"因为掺杂了色素的水虽然好喝、好看，但是并不能解渴呀！况且色素对人体是不健康的！"这些喝过蜂蜜的同学笑着答道。

听完了同学们的回答，教授又笑了笑，说道："绝大多数的同学选择了很苦的黄连水，因为它看起来像果汁；只有极少数的同学尝到了蜂蜜，这是为什么呢？其实，在我看来，人生的过程就像是选择两杯不同颜色的水，一旦选择了一种，便意味着放弃了另一种。大多数人都会选择有颜色的耀眼的那杯，只有极少数人才会选择不太起眼的、不招人喜欢的、很平常的那杯。前者追寻艳丽，相对来说很前卫，因而往往会尝到苦味，而后者因为并不注重于颜色，很看重现实，所以能尝到甜头。"

很多时候，我们不能根据事物的外表来判断其实质，外表华美、艳丽的不一定是好东西，而外表朴素、平常的也不一定就是坏东西。

好奇心让观察力永远年轻

一天早晨，化学家波义耳正要照例到实验室巡视，一位花匠走进他的书房，在屋的角落摆下一篮美丽的深紫色紫罗兰。波义耳随手拿起一束紫罗兰，一边观赏着一边向实验室走去。紫罗兰那艳丽的色彩和扑鼻的芬芳使人感到心旷神怡，波义耳感到心情特别舒畅。

"威廉，有什么新情况吗？"波义耳刚走进实验室就询问一个年轻的助手。

"昨天晚上运来了两大瓶盐酸。"助手向波义耳汇报道。

"我想看看这种酸，请从烧瓶里倒出一点来。"

波义耳边说边把紫罗兰放在桌子上，去帮助威廉倒盐酸。盐酸挥发出刺鼻的气体，像白烟一样从瓶口涌出，倒进烧瓶里的淡黄色液体也在冒着白烟。

"威廉，这盐酸好极了。"波义耳高兴地说。他从桌上拿起那束花，要回书房去。这时，他突然发现紫罗兰上冒出轻烟，原来盐酸的飞沫溅到花朵上了。他连忙把花放进水盆中清洗。令人奇怪的是，紫罗兰的颜色变红了。

这个偶然的奇异现象引起了波义耳的兴趣。他走回书房，把那个盛满鲜花的篮子拿到实验室，对威廉说："取几只杯子，每种酸都倒一点，再拿些水来。"

年轻的助手按照波义耳的吩咐，一个杯子倒进一种酸，一再往每个杯子里放进一朵花。波义耳坐在椅子上观察着。深紫色的花朵逐渐变色了，先是带点淡红，最后完全变成了红色。

"威廉，看清了吗？不仅是盐酸，其他各种酸，都能使紫罗兰由紫变红！"波义耳兴奋地说："这可太重要了！要判别一种溶液是不是酸，只要把紫罗兰的花瓣放进溶液就可以判别了！"

"可惜紫罗兰不是一年四季都开花的。"威廉带着惋惜的口气说。

"你学会动脑筋了。为了方便鉴别溶液的酸性和碱性，我们该做些什么呢？"波义耳向助手提出了新的问题。

不久，他们研制出一种用石蕊浸泡过的指示纸，很方便地就能分辨出什么是酸什么是碱。这对化学研究工作有重要的意义。

由于好奇心的逐渐泯灭，我们的观察能力也在逐渐消失。我们对各种事物的好奇心越强烈，就越具有探索的欲望，保持好奇心会让我们的观察力永远年轻。

认真观察　仔细分析

古时候，有一个国王想委任一名官员担任一项重要职务，于是就召集了朝中那些聪明机智和文武双全的官员，想看看他们谁能胜任。

国王说："我有个问题，想看看谁能解决它。"

国王领着这些官员来到一座大门——一座谁也没有见过的巨大的门前。

"你们看到的这扇门，不但是最大的，而且是最重的，你们当中有谁能把它打开？"

许多大臣见到大门后摇头摆手，有的走近看看，有的则无动于衷。在不知道怎么办的情况下，保持沉默的确是个好办法。

只有一位大臣例外，他走到大门外，用眼睛和手仔细检查，然后又尝试了各种方法。最后，他抓住一条沉重的链子一拉，这扇巨大的门开了。

国王说："你将在朝廷中担任要职。"

其实，大门并没有完全关死，那一条细小的缝隙就隐藏在严密的假象中，任何人只要仔细观察，再加上有胆量去试一下，就都能打开它。

这扇巨大的门就好像是我们学习当中遇到的难题，其实，只要仔细观察题中所给出的条件，仔细分析，总会找到正确答案。

细致的观察力是探索的基础

很早以前，有一个少年和他的爷爷沿着沙路散步，一个人骑着马呼啸而过，沙地上留下了深深的马蹄印。

爷爷决定考考孙子，于是指着路上的马蹄印问孙子："你读了几年书，也学了不少知识，那你告诉我，这匹马的蹄印里写了些什么？"

少年蹲下来看了看回答说："爷爷，蹄印里一个字也没有啊！"

"里面是写了东西的，你必须读懂它。"爷爷接着说。

少年又仔细地瞧了一会儿后说："可是我什么也看不出来啊！它只不过是一对普通的马蹄印。"

"如果你再看得仔细些，就可以看出，刚刚过去的这匹马的右后蹄的蹄掌已经掉了三个钉子，如果这样进城，就会失落蹄铁而受伤。

孩子，你懂吗？世上有很多记载是不用文字的，你要学会阅读这些才行。"

少年这才意识到，生活处处皆学问。他平时太不注重从生活中学习了。

生活是一本无字的书，往往蕴涵着无穷无尽的知识，要想探索其中的奥秘，需要具备细致的观察力，这样你才能拓宽知识面，掌握更多的技能。

炼就"火眼金睛"

从前，有一个叫伯乐的人对于相马很有心得，被他看中的马，都是千里良驹。深谋远虑的秦穆公看到伯乐年事已高，为使相马事业后继有人，便问伯乐能否从其家属中找个能相马的人来接他的班。伯乐说自己的子辈"皆下才"，不堪重任，只有曾同他一块担菜挑柴的九方皋才能担当此任。伯乐把九方皋带到了秦穆公处，秦穆公让其识马。九方皋选好一匹马，说选好的马是"牝而黄"，即黄色的母马，而秦穆公看到的却是"牡而骊"，即黑色的公马。秦穆公很生气，认为他连马的颜色和雌雄都分不清，怎能相马呢？伯乐却赞叹说："这就是他比我高明的地方，他只看到了精而忽略了粗，只看到了他需要看到的，而忽视了他不需要看到的。"

经过仔细观察，九方皋挑的马果然是一匹天下少有的好马。

九方皋的识马方法非同寻常，他的高明之处在于他懂得看事物时要抓住那些主要的、与本质有关的现象，舍弃那些次要的、无关紧要的东西，也就是运用"去粗取精"的方法。他在相马时，忽略了马的牝牡黄骊的区别，不把观察力放在马的性别、色泽上，而是主要抓住外形、骨架等方面的本质特征，正如伯乐所言，他只看到了他所需要看到的，而忽视了他不需要看到的，因而抓住了一匹好马的本质特征，从而挑选出一匹天下少有的好马。

观察要有主次之分，面对纷繁复杂的事物，我们需要练就一双"火眼金睛"，学会"去粗取精"，找到自己最需要的那一部分。

你缺乏对生活的观察吗

从前，有个叫阿牛的人，画画得很好，特别是画牛最拿手。但是，他早年学画牛的时候曾出了个笑话。

一次，他画了一幅《斗牛图》，觉得自己画得特别好，就拿给一个牧童看。心里想：牧童一定会说我画得像。谁知牧童一看，不禁笑起来。阿牛问他为什么笑，牧童说："牛斗架时，浑身的力气都用在角上，牛的尾巴是夹在屁股沟里的，怎么会左右摇摆呢？"阿牛的脸刷地就红了，心里感到很惭愧。为此他拿了一把青草故意引起两只牛争斗，结果果然如牧童所言。阿牛明白了，不是自己画工不好，而是缺乏对生活的观察。

为了能充分表现出牛斗架时的野性，在此后的一段时间里，阿牛特意对牛进行了反复细致地观察，每天都在牛圈里徘徊，观察牛的各种情态习性，牛的一举一动都刻在了他的心里，甚至做梦都是牛。在对牛熟谙以后，他又画了一幅《斗牛图》，又拿给那个牧童看。牧童把画拿在手里，久久地凝视着。阿牛心里很担心，牧童会不会又说自己画得不好呢？过了好大一会儿，牧童突然说："这牛是我的吧?"听了这句话,阿牛紧皱的眉头才舒展开来,因为他知道这幅画成功了。

生活给我们提供了观察的平台,不论是画画,还是写文章,都要在生活中提取素材,要想把真实、客观地将生活的本质反映在书面上,离不开认真的观察。

爱观察的牛顿

小时候的牛顿,特别喜欢观察事物,而且非常喜欢研究事物的本质。

他觉得风很奇妙,有时向东刮,有时向西刮,人在顺风时走路很容易,但是在逆风时就很吃力。他总想亲自证实点什么。机会终于来了。

1658 年 9 月 3 日,罕见的暴风雨侵袭了英国,河水泛滥,树木也被连根拔掉。村子里能干活的人,不管男女,全都顶着狂风、冒着大雨跑到地里去,有的立木桩,有的垒挡风墙,大家都在拼命地干着。

天空一片漆黑,狂风还在不停地刮着,牛顿家的房子忽悠忽悠的,就像要倒了似的。牛顿此时还是一个十几岁的小孩子,同自己的母亲和弟弟、妹妹住在一起。

"哥哥在哪儿呢?"

最小的妹妹听见风声,胆怯地问妈妈。

"老先生,你在地里没看见牛顿吧?"

妈妈向刚从地里转了一圈的老头儿问道。

"地里没有哇！太太。"

"这就怪啦！他刚才明明出去了。对不起，你再去一趟找找看。"老头儿穿上雨鞋，打着雨伞，又冒着暴风雨出去了。最小的妹妹和弟弟，被狂风吓得紧紧倚在妈妈的膝盖前，担一避看着妈妈的脸。

"会不会让大风给刮跑啦？"

"是啊，怎么回事呀！不过，哥哥是个有主意的人，准没事儿。"

在这个时候，牛顿恰恰像妹妹担心的那样，真的被大风给刮跑了。不过，他是自己心甘情愿地让大风给刮跑了的。

老头儿东找找，西找找，转着圈儿地找，好不容易才在后院里找到了牛顿。这时，牛顿的头发被大风吹得乱蓬蓬的，浑身被雨淋得都湿透了。他像个疯子似的顶着大风，跑来跑去。开始他迎着风拼命地跳，然后又侧身向着风跳着，并且还把斗篷抛起来以测试风力与接触面积的关系。

老头儿问他："你在干什么呀，孩子？"

结果牛顿的回答令他大吃一惊："我只是想知道，这么强的风，究竟有多么大的力气能把东西吹跑，能把我吹起来。"

观察是一件实践性极强的活动，要获得对事物本质唯一的办法就是走进大自然，带着问题去观察。

多多观察才能抓住事物的特点

有一位父亲非常重视儿子明明的教育，在儿子学会写拼音后，就送他去学校学习作文。

老师让明明描写自己的父亲。

明明写道："我的爸爸长着一个大大的脑袋，脑袋上有两只炯炯有神的大眼睛，眼睛下是一个高高的鼻子，鼻子下面是一张大嘴。他有两条腿，两只胳膊。"

老师看了看，说："第一次写成这样也不错，可是……你再写写你的母亲吧。"

明明写道"我的妈妈长着一颗大大的脑袋，脑袋上面有一对炯炯有神的大眼睛，眼睛下面是一个高高的……"

老师摇了摇头，指着同学娇娇问："她长得是什么样子？"

明明不假思索，张口就说："娇娇长着一颗大脑袋，脑袋上面有一对炯炯有神……"

娇娇早就笑得倒在地上："明明，你太可笑了，每个人写得都一样。哈哈哈！"

明明气得冲着娇娇大叫："你敢嘲笑我！难道我说错了吗？"两个人你一言我一语地争吵起来。

老师叹了口气说："现在我们班里有两个人在吵架。其中一个长着一颗大脑袋，脑袋上面有一双炯炯有神的……另一个也是长着一颗大脑袋，脑袋上面……"

明明打断老师的话，问老师："老师，请讲清楚一点，哪个是我？"

老师反问："难道我描述得不对吗？"

明明说："不是不对。不过……可是……"

娇娇抢着说："老师，您和明明一样，描写人物外貌挺全面，可就是没抓住特点，让人搞不清您写的是谁。"

老师笑着说："娇娇说得很对，明明明白了吗？"

明明想了想，红着脸说："我明白了。可是，所有的人都长着两条腿，一个脑袋。脑袋上都长着眼睛、鼻子和嘴巴。怎样把他们区别开呢?"

老师笑着说:"要想把每个人都写得栩栩如生,让人一看就知道写的是谁,那就要学会在观察人物时抓住他的特点。"

娇娇抢先说道:"我知道,我知道。就是要写一个人和别人不一样的地方。比如刀疤叔叔,就要捕捉到他额头上的伤痕,而没有必要说大脑袋两条腿什么的。"

老师高兴地说:"娇娇说得不错。怎样才能熟练地抓住事物的特点呢?大家要多多留心观察,还可以做谜语练习。明明你懂了吗?"

世界上没有完全相同的两片叶子,更何况是完全相同的两个人呢!

要想使笔下的人物栩栩如生,就要认真观察人物的一举一动,这样才能写得生动具体。

没有观察也没有发言权

有一个单位,近来风气很不好,办公室里比自由市场还自由,大家在工作时间聊天、打扑克、上网。单位的效益也就自然在走下坡路。有远见的人都很担心,这样下去对大家都没有好处。这几天,大多数的人都很兴奋,因为单位里调来一位新主管,据说是个能人,专门被派来整顿业务。可是日子一天天过去了,新主管却毫无作为,每天彬彬有礼地进入办公室后便躲在里面难得出门,那些本来紧张得要死的坏分子,现在反而更猖獗了。

他哪里是个能人嘛!根本是个老好人,比以前的主管更容易唬!

四个月过去了,就在人们真正为新主管感到失望时,新主管却发威了——坏分子一律开除，能人则获得晋升，下手之快，断事之准，与四个月表现保守的他，简直像是全然换了个人。这一举动让大家惊诧不已，没有一个人敢问一下原因。现在，留下的全部是勤恳能干的人，单位又恢复了以前良好的风气。

年终聚餐时，新主管在酒过三巡之后致词："相信大家对我新到任期间的表现，和后来的大刀阔斧，一定感到不解。现在听我说个故事，各位就明白了。我有位朋友，买了栋带着大院的房子，他一搬进去，就将那院子全面整顿，杂草树一律清除，改种自己新买的花卉。某日原先的屋主造访，进门大吃一惊地问：'那最名贵的牡丹哪里去了？'我这位朋友才发现，他竟然把牡丹当草给铲了。后来他又买了一栋房子，虽然院子更是杂乱，他却是按兵不动，果然，冬天以为是杂树的植物，春天里开了繁花；春天以为是野草的，夏天里成了锦簇；半年都没有动静的小树，秋天居然红了叶。直到暮秋，他才真正认清哪些是无用的植物而大力铲除，并使所有珍贵的草木得以保存。"说到这儿，主管举起杯来："让我敬在座的每一位，因为如果这里是个花园，你们就都是其间的珍木，珍木不可能一年到头开花结果，只有经过长期的观察才认得出啊！"

当我们评价一个人，或者是对一种事物下定论时，首先要仔细观察，因为没有观察就没有发言权，同时观察也要克服急躁这个天敌，耐心是为了更好地发现。

积极主动的去观察

美国第16任总统林肯，是一位眼光敏锐、接受新事物能力很强的智者。

有一天，林肯独自一人来到华盛顿的大街上，那时还没有电视等先进媒体的传播，认识他的人不多，他只要稍加改装，就不会被人认出来。忽然，他发现在一家名为《智慧》的杂志社门前围了一大群人，于是他也好奇地凑了上去。结果发现，华丽的墙壁上竟被钻了一个小洞，洞旁写着几个醒目的大字："不许向里看！"然而好奇心还是驱使人们争先恐后地向里观望，林肯也顺着小洞向里看，原来里面是用五彩缤纷的霓虹灯组成的一本《智慧》杂志的广告画面。

林肯总统觉得这家杂志社很有创意，回来就吩咐秘书为自己订了一份。果然，《智慧》杂志不论内容编排、版式装帧、封面设计，还是印刷质量，都堪称一流，颇受林肯的喜爱和青睐……这天，林肯处理完一天的公务，顺手拿起一本新到的《智慧》杂志翻阅起来，翻着翻着突然发现这本杂志的中间几页没有裁开。林肯很是扫兴，顺手将杂志放到一边。晚上，林肯躺在床上突然想起了这本杂志：这既然是一份大家喜爱、风行全国的杂志，在管理方面应该是十分严格的，按常理绝不会出现这种连页的现象。他由此联想到杂志社在墙壁小洞上做广告的事，难道这里面又有什么新花样？他翻身下床，找到这本杂志，小心翼翼地用小刀裁开了它的连页，发现连页中的一节内容竟被纸糊住了。林肯想，被糊住的地方大概是印错了，但印错的内容又是什么呢？好奇心驱使林肯又用小刀一点点地撬起了糊纸，下面竟写着这样几行字："恭贺您，您用您的好奇心和接受新事物的能力获得了本刊1万美元的奖金，请将杂志退还本刊，我们负责调换并给您寄去奖金。——《智慧》杂志编辑部。"

林肯对编辑部这种启发读者智慧和好奇心的做法极其欣赏，便提笔写了一封信。不久，林肯总统便接到新调换的杂志和编辑部的一封回信："总统先生，在我们这次故意印错的 300 本杂志中，只有 8 个人从中获得了奖金，绝大多数人都采取了将杂志寄回杂志社调换的做法，看来您的确是位真正的智者。根据您来信的建议，我们决定将杂志改名。"这本杂志，就是至今仍风靡世界的《读者文摘》。

对于观察，我们要有主观能动性，要积极主动地去寻找，去发现，去捕捉，这样才不会放走身边的每一个机遇。

专注细心的观察就会有意想不到的收获

现代化学方程式的创始人，铈、钍、硒三种元素的发现者柏济利阿斯曾在一次化学课上责备他的学生，说他们都是些庸才，不可能成为化学家，因为他们全都缺乏化学家的卓越观察力。学生们当然不服气，反问老师为什么如此信口开河不负责任地乱下定论。

柏济利阿斯听完学生的反驳后，心平气和地说："我们还是先做实验吧！至于我责备你们的根据，要等实验完毕后再告诉你们。"

他从实验台上拿了一个装有液体的玻璃瓶，伸进去一个手指，然后把手指伸进嘴里，用舌头品尝液体的味道。然后他把瓶子递给学生，要求他们每个人都来鉴别一下这是什么溶液。柏济利阿斯强调指出，这种液体无毒，它的外表和臭气都不足为据，必须亲口尝一尝才能鉴别。每个学生都老老实实地按照老师的指点去做了，从他们尴尬的表情上可以看出老师给他们尝的绝不是什么美味。

半个小时过去了，没有一个学生能回答老师提出的问题。柏济利阿斯不禁哈哈大笑起来："亲爱的同学们，你们上当了！我的责备是有根有据的。你们中间没有一个人善于观察，我伸进瓶子去的是中指，而伸进口里的却是食指，可是你们都当真去尝了。"

观察是细微之处见功夫，善于观察的人常常能发现别人看不到的东西，而这恰恰也是"卓越"与"平庸"之间的差别所在。专注、细心地观察，你将会有意想不到的收获。

观察离不开分析和推理

一个阿拉伯人在沙漠里与骑骆驼的同伴失散了，他找了整整一天也没有找到，筋疲力尽，只好坐在原地休息。傍晚，他遇到了一个贝都印人。

阿拉伯人礼貌地询问贝都印人："请问，您见到过我的同伴和他的骆驼吗？"

"你的同伴是不是比较胖，而且是跛子？"贝都印人问，"他手里是不是拿着一根棍子？他的骆驼只有一只眼，驮着枣子，是吗？"

"是啊，是啊，那就是我的同伴和他的骆驼。你是什么时候看见的？他往哪个方向走了？"阿拉伯人兴奋地说道。

贝都印人回答说："我没看见他。"

阿拉伯人生气地说："你刚才明明详细地说出我的同伴和骆驼的样子，现在怎么又说没有见到过呢？"

"我确实没有看见过他。"贝都印人平静地说，"不过，我还知道，他在这棵棕榈树下休息了很长时间，三个小时前向叙利亚方向走去了。"

阿拉伯人奇怪地问："你既然没有看见过他，你又怎么知道这些情况的呢？"

"我是从他的脚印里看出来的。你看这个人的脚印：左脚印要比右脚印大且深，这不是说明，走过这里的人是个跛子吗？现在再比一比他和我的脚印，你会发现，他的脚印比我的深，这不就表明他比我胖？你看，骆驼只吃它身体右边的草，这就说明，骆驼只有一只眼，它只看到路的一边。你看地上，这些蚂蚁都聚在一起，难道你没有看清它们都在吸吮枣汁吗？"

"那你是怎么确定他在三个小时前离开这里的呢？"

贝都因人解释说："你看棕榈树的影子。在这样的大热天，你总不会认为一个人坐在太阳光下吧！所以，可以肯定，你的同伴曾经在树荫下休息过。可以推算出，阴影从他躺下的地方移到现在我们站的地方，需要三个小时左右。"

听完贝都因人的话，阿拉伯人急忙朝叙利亚方向去找，果然找到了他的同伴。事实证明，贝都因人说的一切都是正确的。

观察如果离开了缜密的分析和推理，得到的也只是一堆无用的信息。在做实验时，不仅要观察实验的过程，还应分析实验过程中每个环节的依据和目的，这样知识才能牢固扎实。

观察角度不同结果也不同

小岛是日本的一名小商人，有一年夏天，他到菲律宾度假。傍晚，他和夫人一起沿着海滩散步，飒飒海风吹着他们的头发和衣襟，他们的心情好极了。这时只见一群小孩子正在海滩的石头缝中寻找着什么，夫妇两人就走近前去观看，只见他们从那些石头缝隙中挖出了一些小虾。这些小虾很奇特，它们都成双成对地紧紧抱在一起，即使把它们从石头缝中捉出来，也无法将它们分开。再一细看，原来它们的身体已经紧紧连在了一起。孩子们把小虾放进了一个大玻璃瓶里，跑开了。小岛很奇怪，这些虾怎么会长成这样呢？

出于好奇，小岛便问旁边的一位渔民："为什么这些小虾身体会连在一起呢？"渔民告诉他："这些虾原本生活在热带海域，在它们还很小的时候就被海浪冲进了海滩上的石缝中，海潮退去之后，这些小虾被留了下来。就这样，它们在石缝中渐渐长大，以至于雌雄连体，再也无法分开了。这种虾由于太小，食用价值低，我们一般都不捉它，只有小孩子才会把它们捉来扔进堆满石头的虾缸里，养着玩。也有外地来的游客会带走一些作为纪念。"

临走时，那些捉虾的孩子高兴地把自己捉到的小虾送了些给小岛。

小岛回到住处，晚上，他对着灯光细看那些神奇的小虾，这些通体透明、温柔可爱的小东西，成双成对地紧紧拥抱在一起，多像一对对坚贞不渝的情侣。这一闪而过的联想，使小岛的眼前为之一亮，他看到了其中蕴涵的巨大商机。

回到日本之后，小岛就筹办了一家结婚礼品店，专卖这种小虾。不过它们已经经过了巧妙的加工、精心的装饰和恰当的造型，并且有了一个美丽的名字叫"偕老同穴"。礼品盒上的说明是这种小虾从一而终、白头到老、至死不渝的经历。一时间，这种小对虾成为东京市场上最畅销的一种结婚礼品，小岛也因此声名大振，成为人人仰慕的商业巨子。

观察的角度不同，结果也相去甚远，学会多角度地观察事物，就会有不一样的发现。

细心观察就会有发现

2000年，美国西南航空公司的货运业务遇到了麻烦，尽管飞机平均只用了7%的货舱空间，但有些机场却没有足够的空间来容纳计划装载的货物，这成了西南航空公司货运航线和搬运系统的瓶颈。当时，员工们尽力把货物装到开往目标方向的第一架飞机上，表面看来这是种合理的策略。不过，正是由于这种策略，工人们白白浪费了大量时间把货物搬来搬去。

为了解决这个问题，西南航空公司拜蚂蚁为师。这听起来似乎不可思议。具体地说，研究人员观察了蚂蚁觅食的方法，发现蚂蚁凭借一些简单的规则，总能找到效率更高的食物搬运路线。研究人员把这一发现应用于西南航空公司，结果得出了令人惊讶的结论：把货物留在起初并非开往目标方向的飞机上，效果可能更好。举个例子来说，如果要把一批货物从芝加哥运往波士顿，实际上可以把这批货物留在先开往亚特兰大然后飞往波士顿的飞机上，这要比把货物从飞机上卸下来再装到下一班飞往波士顿的飞机上效率更高。

采用这种思路之后，在最繁忙的货运站，货物转运率降低了80%之多，搬运工人的工作量减少了20%，并且连夜搬运的数量也大大减少。这样做使西南航空公司得以减少货物储存设施，降低工资开支。此外，满载飞行的飞机减少了，从而使公司有机会开展新的业务。由于这项改进，西南航空公司估计每年能从中获利一千多万美元。

对群居昆虫的行为进行的类似研究，已经帮助包括联合利华消费品公司和第一资本金融公司在内的好几家公司开发出了更有效的方法，这些公司采用这些方法来合理调配工厂设备以及工人的工作任务，组织员工制订战略。

过去20年来，研究人员已经开发出严密的数学模型来描述群居昆虫的行为，现在他们又将这些技术用于解决企业问题。正如西南航空公司和其他早期运用者所证明的那样，初步结果显示该领域大有发展前景。

在奇妙的动物王国里，存在着许多能工巧匠，蚂蚁是精明灵巧的搬运工，蜜蜂是优秀的建筑师，自然界还存在着许多未解之谜，细心地去观察，去发现，我们人类就会得到不少启迪和收获。

第五章　会学习才会赢得未来

20世纪70年代联合国的报告曾指出：未来的文盲就是那些不会学习的人。今天，不断学习已经成为现代社会最基础的生存本领。因此，养成良好的学习习惯，将是我们未来终生受益的前提。生命的轨迹是我们用自己的双手绘制的，人人都对自己的未来有美好的憧憬，希望自己的人生辉煌灿烂。只要我们以积极的态度找到适合自己的学习策略，用科学的方法指导自己的学习过程，用良好的学习习惯促进形成并优化自己的学习策略，就能在未来的人生中一路绿灯，使自己有能力让所有美好的梦想都变成现实。学会学习，就会觉得学习是非常有意义的事。

书山有路勤为径

"书山有路勤为径，学海无涯苦作舟"。从古至今，勤奋一直是中华民族的传统美德，也是莘莘学子获得学业、成就事业必备的优秀品质与良好习惯。勤奋，是成才的源泉与动力，凡是事业上有杰出成就的人，其成功的秘诀都不乏"勤奋"两字。勤奋，从实质上讲，就是指在学习上要投入足够多的时间、精力，努力克服学习中遇到的种种困难，要有不惧荆棘、不怕险阻的精神，既要勤快又要勇于奋斗。

中学生为什么要养成勤奋的好习惯呢？

首先，学习需要勤奋是由学习时间的有限性决定的。中学生是祖国的未来和希望，肩负着建设家园、为人民服务、为社会做贡献的责任。这就需要我们具备优良的素质，有充沛的知识储备。但是青春是短暂的，时间是有限的，而我们需要学习的东西却如浩瀚海洋，遥遥无边。我们只有勤奋刻苦，才能在有限的时间内尽可能多地积累知识和学习经验，让自己的知识宝库充实丰满，才能为日后走上工作岗位奠定坚实的基础，最大限度地发挥自己的才能，为社会贡献力量。

诸葛亮是家喻户晓的人物，我们都知道他神机妙算，上知天文，下知地理。但是殊不知他从小就是一个很勤奋的人。他小时候就懂得勤奋学习的道理。那时没有钟表，记时用日晷，但遇到阴雨天没有太阳时，时间就不好掌握了。教书先生司马徽用定时喂食的办法训练公鸡按时鸣叫。为了学到更多的东西，诸葛亮想让先生把讲课的时间延长一些，但先生总是以鸡鸣叫为准。诸葛亮想：若把公鸡鸣叫的时间延长，先生讲课的时间也就延长了。于是他上学时就带些粮食装在口袋里，估计鸡快叫的时候，就喂它一点粮食，鸡一吃饱就不叫了。诸葛亮就抓紧这宝贵的时间，多多从先生那里汲取知识。就是这样日复一日的勤奋学习铸就了杰出的诸葛亮。

其次，知识有难有易，每个人学习的能力也各不相同。有些知识对于某些学生来说，就如难啃的骨头，非下工夫反复研究不可。当面临一些诸如基础不扎实、学习能力不足、学习环境差、学习时间有限等情况时，要想掌握难懂的知识，就更需要勤奋刻苦了。勤能补拙，只要肯下功夫，肯努力，养成勤奋的习惯，一定会弥补自身的不足，最终克服自己在学习中和生活中面对的困难。

曾国藩是我国历史上有影响力的人物之一，但是很少人知道他在小时候却是一个天赋不高的孩子。有一天他在家读书，对一篇文章不知重复读了多少遍，却还没有背下来。这时候他家来了一个贼，潜伏在他书房的屋檐下，希望等曾国藩睡觉之后进屋捞点好处。可是等啊等，就是不见他睡觉，他还是翻来覆去地读那篇文章。贼人大怒，跳出来说，"这种水平读什么书？"然后将那文章背诵一遍，扬长而去！

贼人很聪明，至少比曾国藩要聪明，但是他只能成为贼，而曾先生却能成为一个连毛泽东都钦佩的人。正是"勤能补拙是良训，一分辛苦一分才"。伟大的成功和辛勤的劳动是成正比的，有一分劳动就有一分收获，日积月累，从少到多，就可以创造奇迹。

再次，学习不是一帆风顺，也不是一蹴而就的，这就需要勤奋作为漫漫求学路中的加油站。在学习的过程中，我们总会面临各种各样的困难与挑战，无论是先天的还是后天的不良因素，这些学习道路上的陷阱泥潭、杂草荆棘，阻碍着我们前进的步伐。但是勤奋却是一副良药，是一支强心剂，它能够帮助我们战胜一切困难。你可能不够聪明，没有高智商，但经过勤奋学习，一样能够发出璀璨的智慧之光。

大家应该都知道"韦编三绝"的成语吧。他说的是孔子一生非常勤奋学习，到了晚年的时候，他特别喜欢读易经。可是易经读起来很吃力，但是孔子不怕困难，反复朗读，一直到弄懂为止。那个时代，没有纸张，书都是用竹简或者是木简写的，又笨又重。用皮条把许多竹简编穿在一起，便成为一册书。由于孔子勤奋学习，翻书、阅读的次数太多了，竞使皮条断了三次。后来人们便用"韦编三绝"这个成语来形容勤奋好学。

正是靠着这种勤奋向上的学习习惯才使孔子成为我国著名的思想家、教育家，他的思想对世人都有很深远的影响。可见，成为大家的人或者是成功的人并不是因为聪明而是因为超出常人的努力才有后来的成就。

明确了勤奋在学习中的重要作用，更关键的是如何做到勤奋。勤奋不是一句口号，不能光喊而不付诸实践。

在学习的道路上，我们要养成勤奋的好习惯才能在追求知识的道路上走得更远。我们需要做的首先是从内心相信自己，相信勤奋的力量。只有这样，勤奋才能作为源动力，发挥其巨大的力量和作用。但是勤奋并不意味着死用功，它必须和方法结合起来才是有效的。例如抓紧时间，充分利用一切可以利用的资源，提高时间的利用率，提高学习效率等。勤奋也不是要不停的学习工作，它也需要和休息娱乐相结合，有张有弛，才能有充沛的精力。如果一味的苦干，把身体搞垮，则失去了"勤奋"的物质基础，得不偿失。最后，请不要忘记持之以恒，不能三分钟热度，短暂的勤奋只能巩固眼前的学习，而不能成就长远的目标。唯有坚持不懈，一如既往勤奋的人才能收获成功。

"勤奋是一种可以吸引一切美好事物的天然磁石。"在学习的道路上，勤奋是一颗成长缓慢的种子，不仅要播种，还要不断浇水施肥。虽然会辛苦，虽然有汗水，但只要努力，只要坚持，每个人的学习之花一定能绽放得绚丽多彩，也一定能在花落后收获丰硕的果实。

主动学习　效果更高

新课程下的教学要求学生主动学习。主动学习，是指把学习当作一种发自内心的、反映个体需要的学习，是针对被动学习而言的。

主动学习的习惯，本质上是视学习为自己的迫切需要和愿望，坚持不懈地进行自主学习、自我评价、自我监督，必要的时候进行适当的调节，使自己的学习效率更高、效果更好。

具体地说，培养主动学习的习惯，首先要把学习当成自己的事情。这主要体现在处理好关于学习的每个细节，尽量不需要别人的提醒，进行自我管理。

前捷克斯洛伐克著名分析化学家、"极谱家"创始人、1959 年诺贝尔化学奖得主海洛夫斯基，小时候对待学习的态度之认真，就很让人钦佩。

一天，海洛夫斯基从学校回来，愁眉苦脸的，吃晚饭的时候也心不在焉。妈妈发现他不开心，就问他怎么了。这时候他才抬起头来看着大家，仿佛明白了一点什么似的，说："没什么，只是老师布置的一道题我做错了，现在还没找出错在哪儿。"饭后一家人出去散步。回到家，海洛夫斯基又开始思考那道错题。这时候，姐姐弟弟们正在玩游戏。过了一会儿，弟弟来敲门，邀请他一起玩，他说要先把那道题做出来。又过了一会儿，姐姐也过来邀请他一起玩，他仍在演算题目。姐姐热心地说："你的数学和物理一向很好啊。要不我帮你把它做出来，这样你就可以和我们一起玩了。"他说："不，姐姐。我要自己把它做出来。我。想我已经找到一处错的地方了，一会儿就能做完了。我不太熟悉这种方法，有些地方可能弄错了。不过，我能行。还是我自己来吧。"果然，他很快就把题目做了出来。然后快乐地和姐姐弟弟一起玩游戏去了。

其次，对于学习要有如饥似渴的需要，有随时随地只要一有时间就要用来学习的劲头。

鲁迅说，我只是把别人喝咖啡的时间，用来读书了。他还说，时间就像海绵里的水，只要愿意挤总会有的。事实上，一个人如果养成了主动学习的习惯，他就永远不会抱怨时间不够用，因为随时随地，只要有空闲，他首先想到的事情总会是学习。这样就能把零散的时间都利用起来。只有形成了对学习如饥似渴的需要，才能主动去寻找和发现自己感兴趣的学习资源。

1938年诺贝尔物理学奖获得者费米，小时候特别爱读书，接受能力很强，学校所开设的课程怎么也"喂不饱"他。他就去找"零食"——课外书来读。

一天，费米带回论数学物理的两本著作。当读鲥兴奋之处，他自语道："这本书是多么有意思，你们一定也想象不出来。我正在学可各种波的传播！""妙极了，它解释了行星的运动！"读到论海洋潮汐的循环一章时，他的情绪达到了顶峰。

当他读究。全书，走到姐姐面前时，像发现"新大陆"似的说："姐姐，你知道吗，这本书是用拉丁文写的，我还没有注意到呢。"姐姐摇摇头笑了。

费米的勤奋、好学和上进精神，深深地感动了邻居阿米迪教授。教授很快看出这孩子是块好料。

一回教授半开玩笑地说："费米，我给你出几道题做好吗？"

"太好了，您快出吧！"费米跃跃欲试。

教授自知题目显然高出费，米的水平，并不期望他全部解答出来。可是令教授吃惊的是，一会儿费米就全部解答出来了。他缠着教授出一些更难的题目。教授出了一些他自己还未解出来的题目给费米。奇迹出现了，费米居然又全部解答出来了！教授把自己所有的有关物理和数学方面的书，按合理的顺序一本一本地送给费米学习。费米如鱼得水，尽情地在物理和数学的知识的海洋里遨游。

老教授阿米迪的精心培养和帮助，给费米提供了在学术界初试锋芒的机会。中学结业时，他写了论文《论弦的振动》。这篇论文令主考的罗马工程学院的教授们都困惑不解，无法解释如此年幼的费米何以会有如此广博的知识和深刻的见解。

第三，多数人的学习不会一帆风顺，遇到困难能够坚持下去，是主学习的重要内容

日本著名的化学家、1981 年诺贝尔化学奖得主福井谦一上学时，父亲对他寄予厚望。但是在化学测验，他又一次不及格。那天他手足无措，不知道该怎样把画满"×"的试卷拿到父亲面前。一直徘徊到太阳落山了，他依然在冥思苦想，不知道怎么进家门。实在没有办法他只好硬着头皮推开了家门。他用低得只有自己才能听得见的声音对父亲坦白了成绩。

父亲听了很失望，嘴上却说："孩子，没关系。这次考砸了，下次再努力争取好成绩。""爸爸，我——我不想再读书了。"福井谦一说。

"如果你真这样想的话，就太让我失望了。"父亲语重心长地说，"本来以为你是个刻苦的孩子，没想到一碰到困难就退缩不前了。"

"可是爸爸，或许我不是块读书的料。我想去参军。"福井谦一说。

"孩子，不管你干什么，都必须要读书。不读书，你就没文化，以后什么也干不成。"父亲耐心地开导他说，"无论你做什么事，都可能遇到挫折。总是退缩可不行，必须勇敢地去面对它、克服它，才能真正超越。孩子，你要记住——没有比人更高的山，没有比脚更长的路。"父亲的一番话终于打动了福井谦一，他表示自己确实不该放弃，要努力学习。

于是他开始制订学习计划，安排好自己的时间，从头开始补起。努力了一个月，又一次化学测验，他还是不及格。这次他没有灰心，他觉得自己底子差，想一步登天是不可能的，还要从打好基础开始。第二次化学测验，他终于及格了。半个学期后，他的成绩扶摇直上。第二个学期，他已经当上了化学课代表，并且参加了化学竞赛。

新课程下的教学，要求学生主动学习。具备主动学习的习惯，才能以饱满的热情，强烈的术知欲，全身心地投入到学习活动中去，取得良好的学习效果。

为学习制定一个科学的计划

不论做什么事，应该有事先的计划和准备，事先有准备，就能得到成功，不然就会失败。这种时刻准备着的计划意识对我们完成一个个具体化了的小目标，特别是实现人生理想，是大有益处的。计划，是行动的先导；行动，是计划的途径。无视行动的计划是空泛的，缺乏计划的行动是盲目的。所以，学习过程中，我们要杜绝

"不预"的行为，学会制定一份科学合理的学习计划，指导我们向目标迈进。

1. 计划是成功的保证

我们周围不难发现，许多学生的学习活动带有很大的盲从性和随意性。比如，如果今天老师留的作业多，明天又要考试，那么学习就抓得比较紧。如果老师今天留的作业少，近期又没有什么考试，那么一下子就放松起来。放学之后，球不踢到天黑不回家；回家以后又玩游戏、看杂志、吃零食、聊天、打扑克等。这种毫无计划的学习方式效率很低，很难把学习搞好，获得成功就更不用提了。按照学习是否有计划可以将学习者分三种类型：不制定计划的人，定了但不执行的人和善于执行计划的人。

第一种类型的人学习被动性大，虽然也很忙，但时间是被填塞而不是被利用，常常被各种紧急但不重要的事情所打扰，如作业、考试，等等。第二种类型的人在制定计划过程中雄心万丈，获得极大满足，但弱于执行，计划给变化让路，又常常给自己的行为找借口，对自己失信。这两种类型的人难以提到学习的全局性和效率，学习效果往往大打折扣，甚至以失败而告终。

第三种类型的入学习时有全局观，知道自己该做什么，所做的事的意义是什么，心中常充满成功和满足感，并且较为自信。我们希望，读到这本书的人都能够成为第三种类型的人，给自己的学习生活涮定一份切合实际的完美计划，并按照这份计划付诸行动。

一个人种下去的是计划，耕耘的是行为，收获的是习惯。爱因斯坦从中学时代起，就十分重视计划学习，他不仅制定学年计划，而且制定学期计划、月计划。他坚持依次读完了哲学家柏拉图、亚里士多德、培根、休谟、笛卡尔、斯宾诺莎、康德的著作和物理学家牛顿、拉普拉斯、麦克斯、基尔霍夫、赫兹的书，为他以后学术上的杰出成就奠定了坚实的基础。长期按学习计划办事，就会使学习和生活很有规律，逐渐形成"条件反射"。从而，该学习时能安心学习，玩的时候能开心地玩。到时候，就不必为不起床、睡不睡觉、学不学习再付出意志上的努力了。学习生活完全达到了"自动"的境界，不学习就好像缺了点儿什么似的，觉得浑身不自在。

学习离不开科学合理的学习计划，也可以说，好成绩是学习计划和顽强意志与良好方法长期结合的产物。

2. 根据目标制定学习计划

我们应该时刻提醒自己：制定计划是为了实现目标。如果计划偏离了目标的轨道，那就形同虚设，甚至事与愿违。着眼于目标的计划才会最利于行动。

曾经有一个年轻人，从小就非常崇拜那些冒险的英雄，因此，他立下了一个志愿："我将来一定要成为第一个飞到:北极的人。"定下目标后，他开始计划进行各种训练。长大后，他加入了美国海军，却在28岁时不慎折断了脚踝而被迫离开海军。接着，他又加入了空军行列，想实现他多年的.愿望。当他驾驶飞机飞往北极时，飞机不幸在中途损坏。政府命令他从军队中退役。之后，他开始积极筹募款项，随时准备展开他的冒险行动。功夫不负有心人。最后，他凭着过人的意志，终于驾机横越大西洋，从北极上空掷下一面美国国旗，在南极上空时也掷下了美国国旗。因此，他成为美国第一个飞越南北极的伟大英雄。

学习目标可分为短期目标、中期目标和长期目标。相应地，学习计划，也可分为长期计划与短期计划。

（1）长期计划主要指一个学期、一个学年的计划，一般以一学期为宜。以一学期为例，计划的内容可以包括两个方面：①打算考到的名次，包括保位名次或超出几个名次；②对总分及各科分数的阶段性要求。这就使你在短期内有了目标，在每次小测验、单元考中向所定的目标靠拢。

这是一位中学生的长期计划：物理上半学期力学没学好，下半学期的许多知识都涉及到它，一定要在下半学期抽时间把"力学"一章的书、笔记、习题、测试卷都看一遍，争取期末时物理可以上90分，总成绩进前20名。以上计划大多数是不用写下来的，只要想一想，心里有数就行了。

制定长期计划时，切记目标不可定得太高。否则，如果结果离目标太远会十分打击自信心。最好具备几周的课程经验，只有对各门课程有了大致了解后，才能认真制定计划。

（2）短期计划主要指月计划、周计划和每天的计划，做出这样的计划，可以使自己对学过的东西有一个更好的掌握。

例如，每天计划：今天作业有语数外物四门，数学作业是大题，利用中午的整段时间做。物理是张卷子，可以用下午自习课的时间做。外语是选择题的练习，充分利用课间空隙做一会儿，剩下的回家完成。语文是阅读理解，是弱项，要回家好好想想，不急于做完。预计到家9点可以完成作业，可以把今天的数学、物理笔记复习一下，用45分钟够了。上回的物理考卷发下来了，要用半个小时订正一下。还有剩下一点时间，把化学参考书拿出来做几道题。加上休息时间，11 点之前可以睡觉了。

周计划：这个星期还有不少知识课后没有巩固。语文古文似乎学得不行，要再把以前学的也复习一下。数学"函数"一章讲完了，要在 2—3 天内把这一章的脉络整理一下，不用花太多时间细看，一个小时足够了。

在短期计划中，自己可以非常具体地设定自己的时间安排，它是一种操作性很强的计划。在一周内应阅读哪些课程的书籍，做哪些作业等，都应安排妥当。只有这样，才能取得预期效果。

不可小看"每天计划"的力量。有一位时间管理专家曾说过："长远的计划只会使人消沉。如果想使目标早日实现，除长远计划外，你还必须制定每天计划，使生活组织化、规律化。"

我们应该养成一个习惯，随身带一个日记本，每天早上或晚上制定好第二天的计划。第二天结束时再仔细看一看，到底完成了多少，还有哪些没完成。然后，列出下一天的计划，如果反复。根据日记来检讨"计划中的一天"和"实际上的一天"之间的差距，并找出产生差距的原因，在下一天中采取相应的措施！缩小这种差距，使计划恢复原有意义。只要能确保每天的计划按时完成，养成当天事当天毕的习惯，无形中也就完成了周计划、月计划，甚至是年计划。

一份学习计划，如果只有长期计划，却没有短期计划，目标是很难达到的。长期计划是明确学习目标和进行大致安排；而短期计划则是具体的行动计划。所以，两者缺一不可。前苏联著名诗人普希金曾说："要完全控制一天的时间，因为脑力劳动是离不开秩序的。"针对自身特点，做出切合实际的安排，以清楚地知道在一天、一周内要做什么事情，使自己有条不紊地学习。

3. 学习计划也要具有灵活性

关于制定学习计划，常常有学生这样说，"定了也白定，到时候总坚持不下来。""计划赶不上变化。本来计划得好好的，突然来个什么事就全泡汤了……"

为什么定了计划却执行不了呢？下面就结合实例来帮助同学分析分析。

王军把每天课外的时间都定了计划。比如，星期一下课后，他计划复习数学。放学回家后马上吃饭，然后立即做作业，饭后至7点半做语文作业，7点半至9点复习英语，9点至10点预习明天的课程，之后洗漱睡觉。定好计划小军心里美滋滋的。可这之后一个月的现实表明，他很少按这个计划执行过。对此，他是气不打一处来："本来星期一下午是自由时间，可班主任经常占用来讲班上的事，我的数学如何复习？语文是我的弱项，可星期一老师留的作业又特别多，预先计划所用的时间根本不够用，只好去挤占复习英语的时问，预习就更不用说了。"

王军的问题在于，他所定的计划没有充分尊重客观现实，不懂得计划的实行过程中也是需要调控的。计划虽然是我们大脑主观运作的结果，如果它和客观现实严重相背的话，那就毫无意义了。所以，制定的计划，必须要考虑以下几方面内容：

（1）从实际出发，实事求是制定计划

比如，在这个月的学习中要接受和"消化"多少知识？要着重培养哪些能力？自己在学习上欠了哪些"债"？在某一阶段的学习计划中可以偿还多少"欠债"？要正确评价自己所处的阶段，有针对性地制定学习计划。

（2）计划内容应该丰富多彩

要想真正完成好学习计划，在考虑计划的时候，一定要对自己的学习生活做出全面地安排。应包括社会工作时间、为集体服务时间、锻炼时间、睡眠时间及娱乐活动时间等。如果一份学习计划只考虑三件事：吃饭、睡觉和学习。这种"单打一"的学习计划，会使生活单调、乏味，久而久之就容易使人疲劳。既影响学习效果，也影响全面发展。

（3）不要与老师的教学进度相脱节

不了解教学的进度，时间就很难安排。很多学生个人学习计划的"破产"，就是因为不了解老师教学的实际进度，因而使自己安排的学习任务不是过重就是过轻，还会出现自己安排的学习内容和老师的教学内容相脱节的现象。

你要做的是，针对自己的特殊情况加以调整。假如这一段知识是你掌握得不错、平时考试没什么问题的内容，你就少花些时间，完成老师布置的作业再稍看一下即可；哪一段知识是学得不太好、问题比较多的内容，你就多花些时间，在完成了老师留的内容之后再多看、多想上几遍，自己再找一些有关的参考题目做上几遍，非把它弄扎实不可。这一章是难点、重点，你可以在老师教学前先预习一遍，然后再带着问题听老师讲课。这些才是正当的、必要的调整。这些调整都是以绝对保证完成老师的教学进度为前提的。如果有可能，应该和老师针对自己的情况谈一谈，听取老师的意见，这样制订出的计划就更万无一失了。

做好课前准备　提高听课质量

"凡事预则立，不预则废。"这句话的意思是：做任何一件事如果事前准备，就往往能够成功，而没有准备则常常会失败。学习也是如此。课前不做好准备，要想提高课堂听课的质量是根本不可能的。预习不是可有可无的一件事，它对于保证你的课堂效率，提高学习能力起着不可低估的作用。

有一位学生上课时听课很认真，但总觉得老师讲得太快，自己跟不上。课后花了大量时间去弥补，还是难以见效。老师对他说："你在学习上缺少一个重要环节：课前预习。所以，听课被动，只有'招架之功'，即使课后花大量时间去弥补，仍无济于事。"这位学生听了老师的话以后，坚持认真预习，学习成绩直线上升。不久，他便成了班上名列前茅的优等生。

这位学生的事例告诉我们，以往被动接受的学习方式只是对所学内容的生吞活剥、一知半解。新课程标准强调了预习的重要，对我们同学来说不应该先教后学，而应是先学后教。

预习是学习的前奏，即在学习之前展开对所要学习内容·的。自觉、积极、主动地学习，为下面的学习打好基础。

预习的目的有三个：一是初步了解教材的大概内容，使自己上课时对老师教的内容在思想上有所准备；二是运用已有的知识技能，解决一些教材中能够独自解决的问题，同时又起到巩固旧知识的作用；三是发现新教材中自己不能解决的问题，带着问题听课。

1. 预习的主要类型

预习要根据不同的学科特点和自己的实际学习情况来进行，大致有以下几种类型：

（1）补漏性预习。新知识的接受是建立在已掌握的旧知识的基础之上的。如果没有很好地掌握过去应该学会的基础知识和基本技能，那么在上新课时就会感到十分吃力。特别是数学和英语，这种现象尤其明显。一旦出现了这种情况，就要采用补漏性的预习方法。把预习的重点放在复习下节课将要用到的旧知识上。如数学中的某些公式、定理、定律、特殊用语等；英语中的重要单词、固定搭配、语法和惯用法等。

（2）重点和难点预习。这种预习，就是为了把握下节课要学习的教－材内容的重点和难点'。通过预习，可以初步了解这一章（或课、节）的全貌和知识结构。这个结构就是贯穿全章的主线，就是重点；自己难以理解的地方，就是难点。

（3）自学性学习。自学性学习的主要目的是培养自己独立获取知识的自学能力。通过自学性预习，能对要学的内容有一个总体的了解，初步把握教材的结构和线索，做到心中有数。

2. "读、画、查、写、思" 五步自主预习

预习和其他工作一样，要循序渐进，分步骤地进行：

第一步："读"，这是预习的第一步。就是要求快速通读（朗读或默读）学习内容。看前言、各章节的标题和综述性段落，查阅内容提要、目录、图片、表格等，这样可以大致了解主要内容。然后，

再扫描式地了解要点，抓住关键词、摘要、标题、结论、图表等具体代表性的内容，把握学习内容，概括要点。

第二步："画"，就是画重点、画层次，做记号。读过之后，如果找不出重点，分不清层次，就是没读懂，需要再读。可以用"☆"表示名词解释与概念，用"◇"表示例子分析，用"?"表示问题或怀疑，关键词语打上"＊"，等等。

第三步："查"，就是通过查工具书和有关资料，尽量清除不认识的字音，不理解的词语以及忘记的公式、定理，等等。要初步了解它的意思。查工具书，了解词语意思。坚持做到"勤查"，可以促进我们学习能力的提高，为进一步学习打下基础。

第四步："写"，就是将自己的体会、看法写下来。既可以写在书页的空白处，也可以写在笔记本里。这些体会、看法正确与否，预习时并不需要考证，可以在上课时加以验证。如果有不懂的问题，也可以写下来，留到课堂上去解决。

第五步："思"，这是阅读的核心，也是预习的关键，它重在思考理解。预习过后，可以把课本合上，将独立看过并初步理解的内容回想一遍。以语文为例，课文共讲了哪几个问题，主要思路是什么，还有哪几个问题不清楚，等等。一般章节后面都有思考题，我们可以利用这些题目来检查自己的预习效果。看一看有多少问题自己能够解答。如果遇到难题，也不要花太多时间钻牛角尖，留一些问题到课堂上解决是很正常的。这一预习环节，既可以加强理解和记忆，又能起到检查预习效果的作用。

预习的好坏直接影响着课堂上同学们的学习质量。因此，我们要重视课前的自主预习，帮助自己养成良好的学习习惯。

3. 预习要讲究技巧

预习也是讲究技巧的。如果你掌握了这些技巧，那么将受益匪浅。

（1）根据老师的要求预习

各科任课老师一般都会要求学生进行课前预习，但侧重点各有不同。比如，数学、物理、化学等理工类科目，老师要求对每节新课都进行预习；像语文，老师要求对一篇文章进行预习；而政治、地理、历史等科目，老师可能会要求将课文中的某一部分进行预习就可以。所以，我们必须依据老师要求，具体要安排好每天不同科目的预习范围，确定相应的预习方法。不让自己的预习浪费时间。

（2）有选择性地预习

预习不等于提前学习，它的直接目的是为了给效率听课做好铺垫，因此，不必花大量精力和时间，彻底搞懂一切。中学阶段，学习科目多，不可能每门课程都要做预习。为了节省不必要的时间，应该计划好每天要预习哪些课程，最好是自己成绩不太理想的两三门科目。比如，在前一段时间，数学成绩不理想，就多花些时间，来预习数学。根据实际需要确定主攻目标，预习时心里踏实，效率会比较高。

（3）合理安排好预习时间

不同的学习阶段，学习内容、应安排不同的预习时间，但不能因为预习时间的不同而打乱整个学习阶段，学习内容、时间安排必须从学习的实际情况出发。自由支配的时间多，可多安排些预习时间；自由支配的时间少，可少安排些预习时间。

（4）根据学科特点预习

各科预习都有方法可循，预习也不能搞千篇一律，要根据不同学科的特点抓住预习的重点，选择不同的预习方法。一般来说，语文课首先要排除生字、生词障碍，再分析段落大意、中心思想以及写作风格和手法。英语要熟读，单词、词组，看懂语法注释和例句，课文大致能读蠼。数学和物理课则要把重点放在概念、原理的掌握上。化学课不仅要看懂概念、定理，弄懂例题及解法，还要了解实验操作方法。在预习各科时，要把难点、不理解的内容记下来，可以带着问题进课堂，和老师沟通交流解惑答疑。

听课是接受知识的关键途径

课堂是学生学习的中心环节，小学六年、初中三年、高中三年，一年 12 个月，大约有 9 个多月在上学，每个学期至少要上 600 多节课，一年至少要上 1200 多节课。应该说，在校生的黄金时光和宝贵光阴，主要是在课堂上度过的。因此，想要提高成绩，就一定要学会听课。

1981 年，清华大学举行出国研究生考试，夺魁者范明顺六门科目总分突破 500 分。外语成绩超过了清华本校的外语尖子，获得了赴美研究生资格。武汉水利电力学院学生，当时他才 21 岁。这位土生土长的农村孩子，在大学入学摸底考试中，他的外语成绩十分差，数学不过十几分。而且，他还是个"电影迷"，电影场场不落。这样的学生又怎么会在几年后有如此大的改变呢？主要经验之一是他每次上课做到带着问题进课堂听老师讲课。同学们都感到，别人提问题，老师回答起来很轻松；可小苑一提问题，老师就觉得紧张，有些问题常常把老师问住，回家研究后才能给予答复。小苑说："不经自己头脑思考，随口发问，即使得到解答也收益不多。"

听课是接受知识最关键的途径。课堂上的全力投入、积极认真听讲可以省去课下的许多麻烦。有人说："中学生不把上课作为学习的中心环节来抓，那就是捡了芝麻丢了西瓜。"

你必须相信老师的讲课会给你更多有用的东西。——开始你就要认识到自己会很容易地得到这么多的知识是多么的幸运。老师为了从几十本书的内容中研究、阅读、学习、舍去以及组织新的信息可能花:费了几百个小时。在听课时，不记笔记时，眼睛要注视着老师。赞同时，要点点头，这样就表示你听懂了。更为重要的是，这样做会使你比以往更加集中注意力。

1. 学会捕捉课堂上的有效知识

一新学期开始了，同学们看到教室黑板的左边挂了一张人体解剖图。但上课后，老师并没有提到它，也没有讲到任何与它相关的东.西，同学们以为是装饰教室用的，也就懒得去注意它了，久而久之，也对它熟视无睹了。这样一直持续到期末。学期考试时，老师发下了试卷，同学们打开一看，上面只有一道题：请.默写人体各部分骨骼与肌肉的名称。同学们忙抬头看那张解剖图，却发现它已经不挂在那儿了。"老师没讲过这个！"他们纷纷抗议。老师收上的试卷当然无一例外的都是白卷，老师将试卷撕碎，一字一句地说："这次考试并不是为了考试而考试，而是想要告诉大家，学习永远都不只是被动接受人家教给你的东西，我们还要具有自己主动获取信息的能力。"

其实，老师组织的这次期末考试真正用意是告诉同学们："被动接受：并不是完全意义上的"学习"。课堂上的单向传递模式并不可取，学生不只是外界刺激的被动接受者和知识灌输的对象，而应该是有活力、有思维的捕捉知识的主体。

比如，注意老师每天上课的开场白和结束语，往往开头开宗明义，结尾总结明了。对我们来说，这一前一后、一开一合，正是我们把握学习的好机会。老师的开场白常常既复习上一节课的知识，又道出新课的重点和主题，而结束语则是对本节课需掌握的知识的一个概括总结。所以，要从整体上捕捉一堂课，我们可以留心老师的开场白和结束语。

还有，注意老师习惯使用的方法。在讲课当中，如果有特别重要的地方，老师会用各种方式提醒同学们注意。比如，有的老师会提高音量，放慢语速，有的老师会重复说上几遍，甚至会用"※"在黑板上标出来。各个老师强调重点的方法不同，但只要注意观察总结，就会发现你的老师习惯使用的方法。

2. 参与课堂活动，争做主角

课堂上不要一味地被动听课，必须积极参与课内的全部学习活动，不只是当倾听者。对于老师所讲的内容，都要积极思考，善于发问，并且寻找答案，主动发表自己的看法，认真参加讨论。记住，你才是课堂的主角！

那么，在课堂上，怎样才能做到积极地参与呢？

（1）掌握足够的知识去积极参与讨论

由于绝大多数老师都紧跟教材，根据教材提出相应的问题。所以，一般情况下，都可预测出课堂讨论的内容。如果你没有胆量发言，就要事先猜测一两个你认为可能讨论的题目，并做好准备；这样会使你感到安全，有自信心，能帮助你克服发言的恐惧感。

（2）回答问题最好用肯定形式，而不是否定形式

切忌对自己答案的正确性提出疑问。比如，一开始就说："这样说不对吗""书上不是说……"或者"听别人说……"结果还没等开始解释自己的观点，就已经令人质疑了。

（3）条理要清晰

发言时最怕讲了半天，别人不知道你在说什么。要克服这个毛病，可以在心里或是用笔把自己准备的内容记下来，梳理成"一、二、三……"然后分项阐述。这样，有利于老师和其他同学准确地把握你的观点。

（4）善于做倾听者

当你没想好如何回答，或是已经发过言，你还要认真听其他同学的观点。每个人都会有自己独到的想法，或许其他人的想法，会让你的头脑迸出新的火花。倾听时，最好能用纸笔记下你认为值得借鉴的地方。这样，有利于你今后学习的积累。在其他同学回答问题以后，你也可以暗自问问自己，"他说得对吗，为什么？"他的回答好吗，要是我的话，我会有什么不同的见解？"等类似的问题向自己提问。

3. 髓堂知识，髓堂解决

很多同学在听课过程中有"课上没做到课后补"的思想。本来

课堂 10 分钟完成的任务，一定要用课后 20 分钟来解决。有的同学课堂上没听好，课后加班加点地补，造成第二天听课没精神，听课质量就更不好，从而造成恶性循环，使自己越陷越深，这样发展下去只能由跟不上变成根本不听课，一到上课就提不起精神，想东想西。课堂上有没有做到当堂理解，当堂消化，会直接影响到今后听课的效果。如果你每节课都能要求自己必须当堂问题当堂解决，听课的效率一定会大大提高。

那么，如何做到当堂问题当堂解决呢？

①积极回答问题和参加课堂讨论，开动脑筋，寻找答案。

②积极思考，老师讲到哪里就想到哪里，跟上老师的步伐。

③充分利用老师安排给你的机会和时间，阅读分析课本知识，快速识记、强化理解课堂内容。

④认真做好课堂练习。一般情况下，老师都会在新内容讲授完之后，留一些时间给同学或是提问题，或是做练习。课堂练习大多针对本堂内容所出，而且直接切入主题，难度不大。

此外，记笔记也可以巩固知识。对这一点，我们在第 10 种习惯介绍。记住，学到的知识要及时理解，这样才能真正有所收获。

好记性不如烂笔头

学习知识的过程是一个综合性的过程，要求眼、耳、口、心、手全体参与。只有这样，才能真正地把要学的知识学到手，变成我们自己的东西。研究表明，对于同一段学习材料，做笔记的同学比不做笔记的同学成绩要提高两倍。

攀枝花有一位叫石舸的同学，以优异的成绩考入了北京大学。

石舸同学在回母亲与同学们讨论其学习方法与心得体会时，最强调的一点就是自己从小养成的记笔记的习惯。

美国曾有人对180名学生做过实验：把这些学生分为A、B、C三组，每组学生都收听相同内容的录音带。规定A组必须将所听内容逐字逐句记下来；B组只听，不做任何笔记；C组只记讲授内容要点。测试结果显示：A组和B组的学生只记住全部内容的37%，C组学生记住58%。做不做笔记以及怎样做笔记，效率之差竟达21%。

C组学生之所以优于A、B两组，关键在于"记什么"。C组学生抓要点，适当做笔记。这样，学生的大脑便腾出时间采用于思考、分析、记忆，容易把握老师讲授内容的重点、难点，有助于深化、扩展、掌握教材内容。

在课堂上，恰当而合理地做好笔记是非常重要的。笔记应该发挥这样几个作用：帮助理解和巩固所学的知识；整理自己的思路；从众多资料中整理出有用的东西，从而培养处理资料的能力；通过学习过程的记录，总结自己的学习方法；使模糊的认识和疑点变得清晰明确。

1. 课堂笔记记什么

记课堂笔记并不是将老师讲的每句话都记录下来，而是要抓住知识的要点。课堂笔记应该记以下的内容：

（1）记老师的板书

板书是老师列出的讲课提纲，是以图、表的形式展现了一节课的主要内容，同时还能反映出知识点之间的相互联系，便于理解和掌握。

（2）记老师的思路

老师讲课的思路一般用语言或结合板书表现出来。比如，数学题的解题步骤，就显示了老师的思路，应有意识地加以思考，并记在笔记中。

（3）记老师强调的重点

记下老师强调的重点有助'于我们更好地理解所学的内容，也有利于我们在复习中有的放矢。

（4）记补充内容

有时，老师在讲课中为了更好地说明问题，要补充一些内容。比如语文课上，老师可能要补充一些关于作者生平和写作背景的材料，这些内容是课本上没有的，但对于理解课文有很大的帮助，可以有选择地记在笔记本中。

（5）记自己所认为的难点

听课时，难免会有不明白的地方，这时，就可以把这些难点记下来，等下课后再请教老师或同学。

2. 怎样做课堂笔记

（1）给每一门课程准备一个单独的笔记本，而且最好是活页笔记本，以便于日后整理时使用。

（2）在笔记本每页的右侧画一竖线，留出 1/3 或 1/4 的空白，用于课后拾遗补缺，或写上自己的心得体会。左侧的大半页纸做课堂笔记。

（3）为了使笔记显得条理清晰，可以使用一些醒目的符号。

（4）为了提高笔记速度，可以适当简化某些字和词，最好是建立一套适合自己的书写符号。

（5）不要总是惦记着漏掉的笔记内容，影响听记后面的内容。可以在笔记本上留出一定的空白，课后求助于同学或老师，把遗漏的笔记尽快补上。

（6）课后要及时检查笔记。

3. 整理课堂笔记的方法

由于上课时同时要兼顾听课、做笔记、思考问题等，时间显得有点紧张。因此，同学们在课堂上做的笔记都比较杂乱，不太方便课后复习使用。学会整理、加工课堂笔记是很有必要的。其方法与程序分为以下六个步骤来进行：

第一步：回忆。课后应该尽快抓紧时间，趁热打铁，对照书本、笔记，及时回忆有关的课堂内容。这是整理笔记的重要前提。

第二步：补全。这就需要我们在回忆的基础上，及时补全笔记，使笔记丰富、完整。

第三步：修改。仔细阅读课堂笔记，对错字、病句及其他不够确切的地方进行修改。其中，特别要注意重点、难点的有关内容的修改，使笔记准确。

第四步：舍弃。果断舍弃那些无关紧要的笔记内容，使笔记看起来简洁明了，一目了然。

第五步：编码。首先应对笔记本标出页码，然后用统一的序号，对笔记内容进行提纲式的、逻辑性的排列，梳理好笔记的先后顺序。

第六步：抄录。把整理的笔记进行分类抄录，可以用卡片进行抄录，也可以用别的笔记本进行抄录。

经过这样六个步骤整理出来的课堂笔记才能真正成为清晰、有条理、好用的参考材料。

温故而知新的学习方法

面对新的知识时，如果能和已有的知识建立起联系，会让学习变得更轻松。在预习新知识的时候，我们应该巩固复习一下已学过的知识，以发现自己知识体系中的薄弱环节。

刘林同学，19岁去美国攻读博士学位。在总结自己的学习经验时，他特别谈到高一时的一堂化学课。

原来，刘林考上高中之后，认为暑假可以轻松轻松，所以一天书也没看。开学之后，有一次化学课上"离子反应"一节，老师讲："在初中化学里，我们已经学过了，电解质溶解于水就电离成离子，所以电解质在溶液中的反应实质上就是离子之间的反应。"

这两句话虽然不长，可是一连出现了电解质、电离、离子等概念。刘林整个暑假没看书，学过的化学知识忘记了许多，对这些要领的记忆已经模糊不清了，顿时他感到毫无头绪，跟不上老师的速度，听得非常吃力。刘林说："结果，一步落下，步步都跟不上。那节课直上得我心烦意乱，毫无收获。"

因此，同学们在学习的过程中，一定要善于联系已经学过的知识理解新的知识，即运用已经学过的知识来分析、解决新的问题，这样不但可以巩固旧的知识，还可以促进新课程的学习。

有些学生平时学习抠得很细，但他们是"只见树木，不见森林"，没有搞清楚知识的整体结构和相互之间的联系。所以在平时，当对知识作单独地、局部地考察时，往往能获得很不错的成绩，可到了较大的阶段考试，需要将所学的各部分知识综合起来运用时，他们就束手无策了。

为此，你必须强化自己进行整体学习的意识，具体做法是：在学－习各部分知识之前，先了解这部分知识的学习目的，与以前所学的知识有何联系，以及它在整个知识体系中的地位和作用。

为了使新知识与已有的知识结构建立尽可能多的联系，你必须对新知识进行思考，并且尽力将它们与你已有的知识联系起来，在脑海里形成一个清晰的脉络。这一点无疑是很重要的。例如，在学习中国近代史的时候，我们就可以充分运用这一方法。当老师在讲解太平天国运动的时候，我们可以把第一次鸦片战争的内容联系起来，去寻找它们之间是否存在一定的联系。从相互的比较和联系中，我们会发现，随着鸦片战争的爆发，中国闭关自守的局面被打开，从而导致了中国两千多年的小农经济的破产，这无疑是太平天国运动爆发的根源之一。这样一来，这两章的知识自然而然地就在你的脑海里系统地保存下来了。

考试的真正目的，是为了让同学们自如运用已有的知识，来解决新的问题。为此，在学习时，你必须在课堂学习中把自己头脑中已有的知识激活，并使其始终保持一种活跃的状态。老师每讲出一个知识点，你就要把它进行归类，放进自己大脑中的知识库里，并在你的知识结构网络中找到它的位置。然后，你要把它和其他知识点连起来，检查相互间的联系是否清晰、稳定，如果有疑问，你就及时向教师请教。这看起来很复杂，其实非常简单，就是把新知识和旧知识比较，先确定它属于哪一个类别，再从同一类知识里寻找因果关系和先后顺序。这样，我们在学到一个知识点的同时，也能了解它是按照什么样的逻辑顺序，从哪里发展演变而来的，它的前提条件是什么，它的制约因素是什么，它的适用范围是什么。也就是说，课堂学习不能仅仅满足于抓住知识点，还必须把新的知识点和旧的知识连成片，形成网状结构。这样你得到的就不只是一粒珍珠，而是一串精美的珍珠项链。

在学习中我们必须经常注意新旧知识之间、学科之间、所学内容与生活实际之间的联系，不要孤立地对待知识，应该养成多角度思考问题的习惯，有意识地训练思维的流畅性、灵活性及独创性，长期下去，必然会促进智力素质的发展。

系统复习有效加深记忆

系统复习是对学习内容进行的再次回忆和熟记。反复有效地回忆既可以加深、巩固记忆，还可以在思索和理解中得到新的认知。正确掌握系统复习方法，不仅可以增强你对学习的兴趣，还可以提高你的学习效率。

1. 重复是学习之母

"学习"二字，从字源上讲，本义就是反复。学，即效仿；习，是指学飞之鸟频扇翅膀的样子，合起来引申为求得技能而效仿和反复。所以，复习是学习的题中之意。复习就是重复或反复学习，是继预习和课堂学习之后的再学习。

中国著名桥梁专家茅以升先生83岁高龄时，尚能背诵出圆周率小数点后100位的准确数值。有人问他记忆力如此惊人的秘诀是什么，他回答说："重复！重复！再重复！"革命导师列宁有惊人记忆力的原因在于，他从青少年到老年总是坚持经常、反复地阅读自己的读书笔记。他说："我不单凭记忆去解决，而是经常翻阅自己的笔记。"单是列夫·托尔斯泰的《安娜·卡列尼娜》，列宁就读了100遍。列宁读过的《黑格尔（逻辑学）》一书摘要中，有许多醒目的眉批："注意，不清楚，回头再看！""要回过头再看"……林肯少年时代家境贫寒，只上了四个月的小学。他在杂货铺里干活时，一个偶然的机会，从马车扔下的废品里找到一本《英国法律注解》。他如获至宝，读了一遍又一遍，通过反复阅读，初步掌握了基本的法律知识，为他后来成为一位闻名遐迩的辩护律师奠定了不可磨灭的基础，并于1861年当选为美国第16任总统。

著名漫画家丰子恺先生学习外语时，坚持对每篇课文读22遍，第一天读10遍，第二天读5遍，第三天又读5遍，第四天再读2遍。这样，4天时间读完22遍，写完一个繁体字的"读"（繁体"读"字22画）字作为记号。这就是他的"二十二遍读法"。经过不断重复阅读，他几个月就掌握了一门外语，并能看长篇小说和从事翻译工作。我们可以从这些鲜活的例子中看出："复习是学习之母"。

有人说："智慧不是别的，而是一种组织起来的知识体系。"这话说得很精辟，它充分说明了知识系统化的重要性。复习可以通过重复性温故活动修补和巩固记忆，从而加深对旧知识的理解，把握知识间内在的联系。因此，有效的复习是抗争遗忘的最有效方法。

2. 系统复习，及时自我补救

很多同学在进行系统复习时，容易犯的毛病就是眉毛胡子一把抓，分不清科目的主次、课程的主次和各科复习方法的特点，从而也误解了复习的真正意义。要想在短时间的复习里，成绩得到迅速提高，就必须了解自己的薄弱环节在哪儿？各学科的学习特点是什么？我们应该利用系统复习这一重要环节，做到对薄弱科目或某阶段知识进行及时补救。

过去，人们都用木桶打水喝。木桶是由一条条窄木板辅制而成，天长日久，有的木板就会松脱或损坏。与之相关的一个著名理论就是"木桶理论"：木桶盛水量的多少取决于最短的那条木板。如果把复习内容比做是那个木桶的话，你应该把重点放在最短的木板上，避免木板长短参差不齐。这样你才能打更多的"水"，保障考试或进一步学习的顺利进行。

几门功课门门都强，一般是不多见的。即使是各科都强，也有相对更强的一科，相对较弱的一科。因此，在复习时要分清主次，首先要清醒地判断自己的强项和弱项各是什么？把时间和精力放在自己的弱项上，把拉分的弱项变成拿分的强项。

对每一门功课也要清楚知道自己哪一块知识的掌握和运用得强一些，哪一块相对弱一些，然后将主要时间和精力用在较弱的那一块上。比如说外语，如果你觉得自己的听力和单词掌握得都很好，但写作较差，那么在复习时不妨在语言的组织和语法的运用上多下些功夫。复习要把握重点和方向，并非指非重点的内容就可以不复习了。如果复习的内容只有重点而没有其他，那本身就无所谓重点和非重点了。我们说的"次"，并不代表复习的时候可以剔除掉；只是在时间和精力上可以少放一些，记忆有一个遗忘的特点。如果长时间不看自己的强项部分，长时间下来也会变成弱项。所以，在复习时既要有重点，又要全面，不留疑点和空白。

让好奇心带着你学习

这个世界上，和我们一起生存的生物有千千万万种，就算记住全部《十万个为什么》的内容，也不够我们来消化和解决许许多多的"为什么"。正是因为一个又一个"为什么"被解决，社会才能创造出丰富多彩的物质价值、人文价值、精神价值。正是人们的好奇心带着问题推动社会的进步发展。作为以学习为最大任务的中学生，懂得如何提问就是一门学问，一个终身受益的习惯！

古人说"学起于思，思源于疑"。孔子也说过："不愤不启，不悱不发。"可见带着问题去学习能激活我们的思维，调动我们学习、探究的兴趣，培养我们的创新能力，提高学习效果。

然而没有问题就是最大的问题，有例为证：

维特根斯坦是剑桥大学著名哲学家穆尔的学生。有一天，著名哲学家罗素问穆尔："你最好的学生是谁？"穆尔毫不犹豫地说："维特根斯坦。""为什么？""因为在所有的学生中，只有他一个人在听课时总是露出一副茫然的神色，而且总是有问不完的问题。"后来，维特根斯坦的名气超过了罗素。有人问："罗素为什么会落伍？"维特根斯坦说："因为他没有问题了。"

可见，问题意识对于一个人的成功是多么的重要！学习的过程，就是不断发现问题、提出问题、解决问题的过程。

面对学习当中不断出现的问题，每个人都有不同的心态，有的人害怕问题，有的人逃避问题；害怕问题是因为害怕在解决问题的时候出现失误，会被周围的同学、老师轻视，给自己带来不好的心灵记忆；逃避问题是因为对自己解决问题的方法和能力不是很自信，这种不自信源于两个方面，一方面是自己的确没有能力解决问题，另一方面是自己有能力也不想解决豁当然，在问题面前，有的人喜欢发现问题，也有的人喜欢解决问题，因为他们把发现问题当成了一种避免问题的良药，而且把解决问题当成了一种发展的机遇。从对待问题的态度上，我们就可以看出一个人的学习能力和对自己的负责任程度。

学习过程中会遇到一些亟待解决的问题，也会不断地遇到一些影响学习进展的难题，而要解决这些问题，一方面要看能力大小，另外一个非常重要的因素就是看对待问题的心态。因为成功者与失败者之阀的主要差别之一，就在于他们解决和处理问题的心态。世界上没有解决不了的问题，只有不想解决问题的人。

2005年9月9日上午，温家宝总理在北京郊区潭柘寺中心校看望师生时说："让学生自己去发现问题，讨论问题，解决问题，这种做法非常好。发现一个问题比解决一个问题更重要。一个人要成才，就要学会独立思考，学会创造性思维。"其实不仅仅是在教育领域，在其他领域也是这样，获得过"图灵奖"的华裔科学家——中国科学院外籍院士姚期智认为，一个好的理论计算机小组要能够把握时机，看到这个世界上最新需要解决的问题，这些问题是别人都还没有想到的，更没有人做到的。微软亚洲研究院理论研究组的宗旨就是要使得别人到这里来学习，而不是想去解决别人的问题。在研究领域，发现问题比解决问题更重要。

许多事例证明，在通常情况下，发现问题比解决问题更重要，因为发现问题是一种创新，而解决问题只不过是一种执行力。对于中。。学生来说，发现问题是成长的第一步，不会发现问题，我们的成长就永远只能原地踏步，不会有任何的成就。俗话说得好："成绩不说跑不了，问题不说不得了。"可见，发现问题的重要性。

从某种角度上讲，发现问题也是一种能力，而且是一种超常发挥的能方。因为发现问题需要与众不同的思考角度，需要从外界众多的信息源中，发现自己所需要的、有价值的信息，只有这样才能够从中看到事件背后的本源。

要知道问题之所以称其为问题，是因为它永远不会自动消失。你不去解决它，它就会持续不断地对你产生影响。一个问题得不到解决，就会影响一个程序；十个问题得不到解决，就会影响一个组织；如果几十个问题得不到解决，就会影响整个组织，长此以往，组织只有落后、淘汰。

爱因斯坦曾指出："提出一个问题往往比解决一个问题更为重要。因为解决问题，也许仅是技能而已，而提出新的问题，新的可能性，从新的角度去看旧的问题，却需要创造性的想像力，而且标志着科学的真正进步。"

成功离我们不远，也不需要特别地努力，身边的每件小事，每个进步的机会，每个学习的机会认真的对待，尤其是抓住提问的机会，日积月累，质的提升也就水到渠成。

方法得当学习才有效果

这是一则寓言。

在一个暴风雨的日子，一个穷人到富人家讨饭。

"滚开!"仆人说，"不要打搅我们。"

穷人说："只要让我进去，在你们的火炉上烤干衣服就行了。"

仆人以为这不需要什么，就让他进去了。这个穷人这时请求厨娘给他一个小锅，以便他"煮石头汤喝"。

"石头汤?"厨娘说，"我听都没听过，我倒想看看你怎样用石头做成汤。"她答应了。

于是，穷人到路上拣了块石头洗净后放在锅里煮。

"可是，你总得放点盐吧。"厨娘说。她给了他一些盐，后来又给了豌豆、香菜。最后，又把能收拾到的碎肉末都放在汤里。

当然，你也许能猜到，这个可怜人后来把石头捞出来扔到路上，美美地喝了一锅肉汤。如果这个穷人对仆人说："行行好吧! 请给我一锅肉汤。"会有什么结果呢?

因此，伊索在故事结尾处总结道：坚持到底，方法正确，你就能成功。

在学校读书阶段学到的知识是有限的，在知识的学习上不可能一劳永逸，唯有学到的科学的学习方法才会使你终身受益。

1. "渔"——成功者的钥匙

为什么有的学生轻轻松松就能学得好，有的学生辛辛苦苦反而学得不好? 显然，问题出在他们的学习方法上。因为学习方法没有好坏之别，但有适合与否之分。如果掌握了科学的学习方法，可以事半功倍，学起来如风行水上; 没有掌握科学的学习方法，只会事倍功半，学起来就像挑担上山。

笛卡尔说："没有正确的方法，即使有眼睛的博学者也会像瞎子一样盲目摸索。"法国生理学家贝尔纳谈到方法问题时说："良好的方法能使我们更好地发挥运用天赋的才能，而拙劣的方法则可能阻碍才能的发挥。"爱因斯坦有一个公式：$A: x + Y + Z$。其中 A 代表成功，x 代表勤奋，Y 代表正确的方法，z 代表少说空话。这形象地表明，成功是三个变量的综合效应，而科学的方法是高效率达到成功的重要因素。同样，对学生来说，花同样多的时间学习，有的学生效果显著，而有的学生一无所获或获得甚少，道理就在于科学的学习方法是学生高效学习的决定性因素之一。

如果你只掌握有限的知识，而没有掌握科学的方法，就像一只没有翅膀的小鸟，永远不可能在知识的天空中自由飞翔，其学习范围是非常狭小的。这显然不能适应社会的发；展，最终会成为"现代文盲"。

2. 选择适合自己的学习方法

掌握科学的学习方法是学生形成学习能力的重要环节。诺贝尔奖获得者大多认为在学生期间，最重要的是掌握学习方法。教育人士薄南翔先生有过一个生动地比喻。他说："一个猎人到森林里去打猎，要准备猎枪和干粮。如果一个学生在学校里，只知道积蓄知识，而不懂得与此同时掌握获得知识的方法，那么，他毕业后走上工作岗位就像猎人走进森林，只带干粮没带猎枪一样。没有猎枪，干粮带得再多，也会很快地消耗殆尽。如果有一枝猎枪，并能运用自如，那么还愁没有吃的吗?"这番话深入浅出地说明了掌握学习方法对学生的重要价值。

学习方法需要因人而异。学习是个人的事情，适用于别人的方法未必适用于自己，而且不同的学习方法适用于不同的学科。学习历史的最好方法，不一定是学习物理、化学的最好方法。

韩凌同学是贵州省高考理科特优者，他对学习的体会是："高中的课程比较多，不同的科目有不同的特点，学习方法决不能千篇一律。一把钥匙开一把锁，这是我对学习方法的理解，我们必须在学的过程中不断地进行归纳、改进，摸索出一条最适合自己的最有效的途径。"

学习方法上，要择善而从，更要敢于坚持。如果你选择了一种适合自己并确实有效的方式，那就坚持下去。关键是要找准自己的优势，知道什么更适于自己。大到文理分科时的选择、学科的侧重，小到作息时间的安排都要有一个定数。不能朝秦暮楚，今天看这个贪黑学习效果好，明天看那个起早学习效果好，变来变去，最后落得个"竹篮打水一场空"。

当你以与自己的独特优势和需要不相符的方式学习时，你就好像是在水流湍急的河流里逆流而上一样，非常困难。因此，毫不奇怪为什么有那么多同学要逃离课堂，为什么有那么多同学感到精疲力竭和失望，为什么有那么多同学坚信自己是一塌糊涂的、笨拙的学习者。

当你明确并运用个人的学习方法时，你学习的过程就像顺流而下游泳一样，水流的速度不仅增强了你的肌肉力量，而且加快了你的游泳速度；运用你个人的学习方法不仅会提高你的脑力，而且使学习的过程变得毫不费力，而且非常迅速高效。

学海无涯，方法作舟。找到适合自己的科学方法，你会成为学习高手，也很可能会成。为中考、高考中的一匹黑马。但要说明的一点是，再好的方法如果离开了勤奋与刻苦，也只能是空中楼阁，海市蜃楼。

学习方法，要因人、因学科而异，正如医生用药，不能千人一方。你应当从实际出发，根据自己的情况，发挥特长，摸索适合你的有效方法。

3. 值得借鉴的几种学习方法

（1）讨论学习法

讨论学习法是学习者与他人进行相互研讨、切磋琢磨，相互学习的一种学习方法。讨论学习法可以是个人与个人之间讨论问题，交换思想，意见和观点，也可以是集体讨论，如课堂讨论、班会讨论，以及各种各样的学术讨论。

讨论学习法有许多好处：

①它可以充分调动学习者的学习主动性、积极性、自觉性，养成积极探讨问题的学习态度和习惯；

②它可以使学习者既当学生，又当老师，充分发挥每一个人的智慧，集思广益，互相学习，互相提高；

③它可以培养和发展独立思考能力、口头表达能力和创造能力；

④它可以使学习者灵活运用知识，解决疑难问题和实际问题，提高独立分析和解决问题的能力；

⑤它可以促进信息交流，使学生增长知识和才干。

讨论中，和自己意见一致时，可以使认识更加明确，并得到补充和加强；相反的意见，能使自己受到启发，迫使自己反复思考，防止考虑问题的片面性，培养独立思考的能力。

（2）四环节学习法

四环节学习法是通过由面到点的综合概括，逐步缩小记忆范围，利用较短时间掌握全部内容的一种学习方法。它包括的四个环节是：

①精读材料。对所学内容抓住中心，细心阅读。根据材料的不同类型、不同分量掌握其要点、重点和难点，理解知识间内在的.必然联系。

②编写提纲。在理解所学内容的基础上细致地进行筛选、概括、组织，然后根据材料的性质，用自己的语言，提纲挈领地编写提纲，从藤使学习的内容有条不紊、简单直观地呈现在自己的面前。编写提纲是提高自学能力的有效方法便于识记和保持记忆。

③尝试背诵。对所编的提纲，按照顺序背诵（回忆），遇到不会和不清楚的地方，再翻书本进行对照。可有针对性地记忆薄弱环节，进行二次记忆，也是对学习材料进行消化。

④有效强化。用最短的语言，抓住概念内涵、实质和学习材料的核心内容，再对提纲进行压缩，把每句压缩为关键的几个字，使之成为简要提纲，然后针对简要提纲，进行强化记忆，在头脑中留下长久的印象。

（3）逆向学习法

逆向学习法是不按书的顺序去阅读，而是运用自己的思维能力，有意找麻烦，想问题，开动脑筋多联想。当你对问题有了一套自己的看法后，再翻书看结论，与之比较，并修正自己的看法。这样学习要比按顺序阅读理解得深刻，记得也更扎实。逆向学习法最大的特点是强调"先思"，思维的基本程序是：结论、问题→思考→求证→对照→彻底理解。

（4）织网学习法

织网学习是合理地组织认知结构，编织一张知识网。这不仅有助予理解，减少学习材料的复杂性，也有助于记忆和检索，把握全书的脉络。怎样编织这张知识的网呢？

①读前先详看目录和各章节的小标题，粗略地了解该书各部分的内容及其逻辑层次、内在联系。

②阅读每一章节时，利用新旧联系，以旧带新；探索本章节内容与其前后章节的联系，其在全书中的地位；搜索本章节的重点、难点、疑点和新点。

③每读完一章节后先概括其要点，领悟其意义，找出贯穿全章的主线，再根据各章节的大致联系，推测下章节要讲的内容。

④读完全书后，要概括原各章节的要点，并进行较全面的整理归纳，找出相互间存在的因果、递进、并列、转折等关系的内容……将节与节、章与章的各部分重点内容编织成知识网。

⑤重新调整、组织你的认知结构，根据已初步编织的知识网，进一步分析各章节、各部分的逻辑关系和内在联系，掌握全书的脉络。

(5) SQ3R 学习法

SQ3R（Survey、Question、Read、Recite、Review）学习法即浏览、发问、阅读复述、复习，是系统学习的一种有效的辅助手段。

①Survey 浏览。先概括地审查一本书。着重看书的序（或前言，或提要）、目录、正文中的大小标题、图表和照片，以及注释、参考文献和索引等附加部分。通过对全书有一个总的、直觉印象，可以获得对全书框架的大概了解，有助于进一步理解，同时，浏览过程也使学生对重点、难点心中有数，为进一步阅读提供了基础。

②Question 发问。在着眼于大小标题、黑体字或其他重要标示的基础上，提出一些问题并尝试着进行解答。这可以使随后的"阅读"阶段更有目的，更有兴趣。再经过"阅读"，便可校正或补充自己的解答，从而可以提高独立思考、解决问题的能力，也可以提高学习记忆的效果。"发问"使得"阅读"变成一个有准备的、主动的、

批评性的、时时注意的过程，对于集中注意力、增强求知欲和学习兴趣，加深理解和加强记忆都是有好处的。

③Read 阅读。带着问题进行深入阅读。调动各种感官的积极活动，要眼到、口到、心到、手到。弄清一些词语的准确意义，可作圈点、画着重号或提示性批语。对关键性文字和重点段落，尤其要注意。还可做笔记以加深理解、增强记忆。

④Reeite 复述。在这个阶段，要合上书复述（回忆）每个部分的主要内容，进行学习和记忆效果的自我检查。这种主动、及时的回忆，可以集中注意力，发现尚未掌握的难点，从而突破它，并可提高记忆效率。

⑤Review 复习。根据回忆出来的程度，进行全面而有重点的复习。复习应在学习后的一两天进行，隔一定时间还要重复进行，以保证学习和记忆效果的巩固。复习的方法之一是迅速重复一遍 SQ3R 学习法的前面四个步骤。这就是：浏览该节或者该章的总体结构；回忆所提过的问题；重读课文以查看你是否复述了所有重点；通过补充笔记中的一些遗漏点和校正一些错误来完善你的复述。

（6）口诀、歌诀学习法

把学习材料编成口诀或押韵的句子来提高学习效果的方法，叫做口诀学习法。这种方法可以缩小学习材料的绝对数量，把学习材料分成组块来记忆，加大信息浓度，增强趣味性，减轻大脑负担，避免遗漏。口诀大都押韵，朗朗上口，容易记忆。歌诀学习法就是把所要学习的内容编成自己熟悉的歌诀来记忆。歌诀学习法的好处是记忆时合辙押韵、朗朗上口，并且生动轻松，久久难忘，乃至于记忆终身。

让学到的知识为自己服务

培根曾说："知识本身并没有告诉人怎样运用，运用的智慧在于书本之外。"知识起源于生活和生产实际，是人们在改造世界的实践中所获得的认识和经验。我们学习知识的终极目的在于应用。简单而言，应用就是用所学的知识解决问题。学生掌握各学科知识的重要动机，就应该是运用这些知识解决问题，即把学习和实践结合起来。书本知识是死的，只有把知识活用于生活，才能发挥它的效用，造福社会和人民。

学以致用可以给我们的日常生活增添色彩，免除不少麻烦，关键时刻还可以挽救人们的生命和财产。2004年年末的海啸使无数人在一瞬间被海水卷走，而一个10来岁的小女孩蒂利却应用自己学过的知识，挽救了100多名游客的生命。

2004年12月26日那天，他们一家人在碧波荡漾的海水中玩耍时，蒂利突然发现海水冒起泡沫，就像啤酒表面一样，她立即意识到这就是发生海啸的征兆。因为在那之前她的老师在课堂上播放了一段夏威夷海啸的影片，她说："我记住了那些场面。"蒂利随即劝告自己的父母和妹妹以及其他游客迅速逃离现场，起初大家对她的话半信半疑。可是，当蒂利的面部变得十分严肃而坚定时，人们开始相信事情的严重性，并立即离开了海滩。这样，当时的100多名游客全部获得了安全，海滩上无一人丧生。

从这个事件中，我们就足以看出学以致用的益处和重要性。

那么，我们该如何培养学以致用的良好习惯呢？

第一，注重体验。要知道梨子的味道，就要亲自尝一尝，只有亲身经历过的事物，人们才能深刻感知和了解它。没有对事物的亲身体验，也就无法把知识在特定的环境下运用自如Q只有体验到学以致用带来的成功喜悦，才能鼓励我们学习更多的知识，激发我们学习的兴趣。

这里介绍两种体验形式：其一，试误性体验，也称选择体验，指当一个人画临一种新情境时，会进行各种尝试，如果尝试成功，以后可以继续用此尝试探索其他情境。比如，学生在学习数学时，并不满足老师教的单一方法，可以尝试各种各样的解题方法。在不断尝试中来探索新思路。其二，模仿性体验，指效仿特定动作或行为后的一种体验。模仿者看见别人做出某一行动，于是就效仿表现相似的行动，但这种效仿不是刻板的重复，而是以类似的方法获取相同的结果。通过体验，大家就可以体会到知识运用于实际的感受和喜悦。

第二，注重验证和动手操作。验证所学的知识，是学以致用的一种体现。我们学过的知识，诸如定理定律、实验现象、公式推导、口语交际等，都是很好的求验素材。通过实际检验，才能真正解决"是什么"、"为什么"、"怎么样"等学习中的疑惑，从而更好的应用于实际。

1981年3月，《北京科技报》上刊载了一篇题为《法契那圆盘——一个难解的谜》的文章，引起了当时上高一的两位女学生的极大兴趣。她们立即按照报载的标准图像画了一张圆盘，据说这张黑白圆盘会在旋转后出现别的颜色。可她何经过实际操作，并未看到报道的现象。两位女生于是在校实验室做了几百次试验，历时四个月，终于转出了颜色，并依据所学的知识初步总结了规律。若不是两位女生的验证，也许就不能发现蕴含在围盘中的奥秘。

验证也意味着多动手操作。学以致用、学用结合的基本要求就是勤动手、多操作。我国学生普遍较缺乏这种操作力，比如老师在课堂上问：在1点和2点之间，时针和分针在什么地方重合？我国学生的反应是立即列算数方程，而美国的学生则会马上解下手表实际操作。显然后者的做法会更迅速、更直观，也更有效。爱迪生的发明多达一千多种，这得益于他勤奋的动手实验，没有前九十九次的动手操作，就不会有第一百次的成功，极强的操作能力使他大量的设想得以迅速变为现实。

第三，充分发挥自主权利。在学以致用的过程中，学生充分发挥自主权利也十分重要。一个不能自主学习的人，就无法适应21世纪面临的高素质人才的激烈竞争。学生应该发挥个体自我教育的主动性和自觉性，积极投身实践，在实践中体会学习的乐趣。在实践过程中，不应再受到老师或家长强行灌输的要求和目标，而是在和同伴或师长的平等交流中感受新知。同时还要注意在实践中享受过程，直到最后得出自己认同的结论。只有当自己成为实践的主人，才能真正体会学以致用的乐趣。

第四，学会反思。所有学习的精髓，归根到底无非就是我们如何处理和看待自己体验或经历的方式方法。我们无论采取什么方式学习，最终都要通过自己的体验进行反思、提炼、升华。这样才能有质的飞跃。因此，反思是体验实践学习的关键，它要求学习者有意识地关注所学的东西并设法巩固，常常用"为什么"、"如何"来思考学习内容的价值、学习方法的适当性、每个阶段的收获以及与过去知识的联系、需要调整的环节，等等。所以，学生既可以反思实践内容，也可以反思过程；既可以反思实践主体，即自身，也可以反思客体，即实践的对象及方法等。经过认真的思考，既巩固了知识，又为下一次的实践积累了经验。

学以致用，就是把理论知识和实践联系起来。这对于学习兴趣的培养、智力的发展、所学知识的检验都起着十分重要的作用。同学们在自己的学习过程中一定要养成学以致用的良好习惯，把自己学习的东西应用到日常生活当中，提高自己的动手操作和实践能力。

把你的心思专注到学习上

一个人的精力是有限的，如果分散开来，将一事无成。集中在焦点之下的阳光可以将纸点燃，可见能量集中起来是多么的巨大。人的精力也是一样，如果集中起来，专注于做某件事情并为之努力必定会成功。马克·吐温曾经说过一句话："人的思想是了不起的。只要专注于某一项事业，那一定会做出使自己吃惊的成绩来。"对于同学们而言，养成专注的习惯是十分重要的，它不仅有助于学习效率的提高，也能在一定程度上培养良好的心智和修养。

古时候有一个下棋能手叫秋，他有两个学生，一起跟他学习下棋，其中一个学生非常专注跟老师学习。另一个却很不认真，老师讲解的时候，他虽然坐在那里，眼睛好像在看着棋子可心里却想着打树上的鸟。他总是胡思乱想心不在焉，老师的讲解一点也没听进去。结果，虽然两个学生同是一个名师传授，但一个成了棋艺高强的名手，另一个却没学到真本事。

可见在做一件事情的时候一定要集中精力，不能三心二意。学习成绩好的同学一定是上课精神专注专心听讲的同学。

1. 上课不专注的原因

上课不专注是学习的最大障碍之一。要想克服不专注的现象，必须首先了解不专注的原因。

第一，外部环境刺激往往是不专注的主要原因。例如，突然下阵雨了，同学们都没有带雨具，老盼着雨停，因此上课时常向外看。

在课堂上发生的一些事情也会使我们不专注，而且影响可能会更大。例如，有的同学说悄悄话，使旁边的同学无法听课；在课堂上学生之间因为一点小事吵了起来，使老师无法讲课……

第二，心理原因也是引起不专注的重要因素。有些同学在上课的时候老是想起自己曾经经历过的有趣的事情。例如，有的学生脑子里浮现出了前一段时间看的电影或电视剧的画面，想到精彩处竟憋不住笑出了声，有时还情不自禁地与旁边的同学讨论起来，不仅自己不能听好课，也影响了别人听课。

第三，身体不好或精神不振也是引起上课不专注的原因。比如，有些同学没有吃早点的习惯，到第三节课就饿了，怎么下定决心也提不起精神；有些同学晚上看电视看得太晚了，睡眠不够，上课时趴在桌上睡着了；也有些同学体弱多病，感冒了，咳嗽了，影响了听课的效率……

2. 培养专注精神

找出上课不专注、注意力无法集中的原因后，我们应该想办法来克服这个不好的习惯。

第一，克服外界干扰，养成闹中取静的学习习惯。

这种习惯完全是通过练习而锻炼出来的。比如，有人为了锻炼"闹中取静"的本领，就故意蹲在繁杂的集市或公园看书。当然，开始时会遇到许多困难，但只要坚持下去，就会取得成功。

吵闹的环境里，为了抵制不专注，可以根据不同的时间、地点和条件，采用不同的学习方式，阅读不同的书籍内容。具体说来，可以这样做：

在安静的环境里，可以默读，而在嘈杂的环境里，就采用朗读和记笔记的方式。

在安静的环境下，读课文、做练习，而在喧闹的环境下，看看文艺作品、读点报纸杂志等。

利用安静的环境精读、细思，而在纷乱的情况下，粗读、浏览等。

第二，加强意志锻炼，做支配注意力的主人。

在学习中我们除了会遇到外界的刺激外，还会受到内部因素的干扰，如情绪低落、身体欠佳、不良习惯等，这些更容易使我们分心。因此，我们要学会以坚强的意志同一切干扰作斗争。

专注是学习能力中最具有凝聚效力、整合效力的品质。想得到理想的效果，就必须培养专注的习惯。

闻道有先后，术业有专攻。强调的就是一个"专"字。养成专注的好习惯对我们的一生都有很多好处。我们在做一件事情的时候，一定要专注。只有这样，我们才能在学习上取得进步，在以后的人生道路上成功。

从阅读中获得更多知识

人的一生中获取知识的途径多种多样，学校里老师的谆谆教导、回家后家长的言传身教、社交圈的耳闻目睹、网络里的广阔天地，还有闲暇时的博览群书，等等。而这中间，阅读则是一个人一生中既简单易行，又意义重大的活动。对信息的摄取、筛选和重组能力，很大程度上仍依赖于一个人的阅读水平。因此，想要做到改善学习能力，得到自我发展，就必须学会快速地从书籍里获取新知识的阅读能力。

1. 让阅读成为你的挚爱

什么是阅读？有的同学理解为看书，这样理解是片面的。看书只是完成了阅读的一部分，是阅读的一种形式而已。阅读是大脑接收外界视觉符号（文字、图表、图画、公式、数字等）信息并对其进行加工，以理解符号所代表的意义的过程。所以，阅读不仅仅是看，更重要的是理解并加以应用。

古今中外学者都把阅读看作是自己的挚爱。《聊斋志异》的作者蒲松龄就认为"书痴者文必工，艺痴者技必良"。意思是说，如果一个人对阅读达到了痴迷的程度，那么他的写作水平一定不同凡响。

但丁是意大利文艺复兴时期的伟大先驱。他一向把书看得如生命一样重要。有一次，他的妻子盖玛叫他去买药，但丁走到药店门口，一眼看见那里摆了个书摊，他立即被吸引了过去。他看到书摊上还摆着一本自己渴望已久要读的书，就无法抑制自己要看的强烈欲望，痴迷地读了起来。街道上车水马龙，熙熙攘攘，但他却一点也感觉不到，完全沉浸在书的海洋里。天色慢慢暗了下来，书摊主人该回家了，但丁才恋恋不舍地往家走去。一路上，他不停地思考回味着书中精彩的内容。回到家，兴奋地对妻子说："我今天看了一本非常好的书。"妻子对此不感兴趣，赶忙问他："你买的药呢？"但丁才忽然想起买药的事。他满脑子里都是书中的内容，早就把这事忘得一干二净了。

弗·梅林在《马克思传》中写道："马克思在大学时代就已经独立工作了。他在两个学期中所获得的大量知识，如果按照学院式的喂法在课堂上点点滴滴地灌输的话，就是 20 个学期也是学不完的。"

那么，如何才能像他们那样把阅读当作是自己的挚爱，喜欢上阅读呢？首先，你可以挑选自己最喜欢的书籍先读，逐渐养成良好的自主阅读习惯。当你有了自主性阅读兴趣以后，再从最喜欢的书籍中产生的兴趣为"生长点"，不断增强对阅读的热爱，进而扩展阅读面。

2. 学会有目的地阅读

美国著名学者诺·波特指出："谈到读书，首先应该明确目的。对读书的嗣的认识得越清楚，读书的信心就越坚定持久。"广泛的有目的地阅读，是一个人走向成功的砝码之一。当你得到这个砝码时，就意味着你通向成功的道路上少了一道崎岖。

1935 年，希特勒在德国扩充军队，加紧准备发动第二次世界大战。就在这个关键时刻，英国作家雅格布写的一本小册子《德军的实力分布》出版了。在这本小册子中，雅格布详细地介绍了希特勒军队各军种的详细情况，甚至还谈到新成立的装甲师里步兵小队的具体人数、德军参谋部的人员组成，以及 160 个主要指挥官的姓名和简历，等等。

希特勒得知军机泄露，暴跳如雷，下令即刻追查。德国情报部门想尽一切办法才把雅格布绑架到了柏林。当审问这些情报资料的来源时，雅格布的回答竟，使情报部门的官员大吃一惊。原来，雅格布是从德国公开发行的报刊上得来全部材料的。由于雅格布早就打算写这样一本小册子，所以他长期以来特别留意德.国报刊上刊登的有关希特勒军事方面的报道。经过几个月的努力，他终于在小册子里基本真实地描绘了德军的组织状况。德军情报部门闹的笑话说明了雅格布写作的成功，而他的成功又在于他围绕一个问题的目的进行阅读的方法。

明确目的实在是阅读的第一要事。目的明确了，不仅给阅读增强了动力，也给计划的制定、读物的选择、方法的选定等一系列问题找到了根据，找到了出发点。这个习惯一旦养成，必将大大利于阅读效率的提高。

3．学会有选择性地阅读

俄国著名文学评论家别林斯基说："阅读一本不适合自己阅读的书，比不阅读还要坏。我们必须学会这样一种本领，选择最有价值、最适合自己的所需要的读物。"我们这里所讲的自主选择，既包括书目的自主选择，还包括书中内容的自主选择，如何取其精华，去其糟粕。

梁元帝萧绎是南北朝时梁代的一位皇帝。他嗜书如命，但只是为了"韬于文士"，而无意于治国安邦，所以读书漫无边际、不加选择，倒因读书而荒废疏远了朝政，以致在公元554年被北朝西魏军攻破都城，他也成为亡国之君。我们是否可以这样理解，决定梁元帝命运的重要因素之一是他读的书。

让我们先来看看美国中小学生是如何选择阅读材料的吧！他们选择的材料主要有以下几点：①注重文字的传统与文字的形式，有利于学生掌握词汇与书法、书面语和口语。②内容广泛。比如，要求读"奇异的年代""我们的文学遗产""超过几十亿人口的拥挤的世界即将来临""婚姻预告教育"等。③注重实际运用，比如，"食谱""处方"等。可以看出，他们选择的阅读材料涉及的领域是十分广泛的，不仅课内知识得到了巩固，生活实践能力也得到了提高。

在校的学生，首要任务是要学好课内课程，课外的阅读也应该紧紧围绕它来展开，可以自主选择补充和强化教材的课外读物来学习，这样你的学习效果才能事半功倍。比如学语文，我们可以看一点儿文学史、文学家故事、语法以及《杂文报》《杂文选刊》一类的书刊，而学数学，我们可以读一点儿诸如《数学史话》《点、线、面》一类的书。另外，"闲"书也是可以看的，只是每个人看书的角度和目的不同，有的同学看书只是为了消遣，看后一笑了之，而有的同学则能在"闲"书中找到"颜如玉和黄金屋"。也就是说，看书的目的不同，选择的角度不同，收获自然也就不同。

赢在起跑线上的N个法则

YINGZAI
QIPAOXIANSHANGDE
N GEFAZE

下

刘艳婷 ◉ 编著

中国出版集团
现代出版社

图书在版编目（CIP）数据

赢在起跑线上的N个法则（下）／刘艳婷编著. —北京：现代出版社，2014.3

ISBN 978-7-5143-2132-6

Ⅰ.①赢… Ⅱ.①刘… Ⅲ.①成功心理－青年读物②成功心理－少年读物 Ⅳ.①B848.4－49

中国版本图书馆CIP数据核字(2014)第038745号

作　　者	刘艳婷
责任编辑	王敬一
出版发行	现代出版社
通讯地址	北京市安定门外安华里504号
邮政编码	100011
电　　话	010－64267325 64245264（传真）
网　　址	www.1980xd.com
电子邮箱	xiandai@cnpitc.com.cn
印　　刷	唐山富达印务有限公司
开　　本	710mm×1000mm　1/16
印　　张	16
版　　次	2014年4月第1版　2023年5月第3次印刷
书　　号	ISBN 978-7-5143-2132-6
定　　价	76.00元（上下册）

目 录

第六章 放飞想象,成就未来

第七章　创新让人生更出彩

第八章　提升记忆力　赢在起跑线

第六章　放飞想象，成就未来

鸟儿有了翅膀，可以尽情地在天空中飞翔；人类有了想象，可以比鸟儿"飞"得更加高远。在想象的天空中，我们可以打开新思路的闸门，自由翱翔。奇思妙想本身就是一首美丽的诗。

想象力是创新的源泉

从某种程度上来讲，想象力比知识更重要。因为知识是有限的，而想象力却可触及世界上的一切。所以要引爆创新潜能，想象力必不可少。想象力是创新的源泉，是提升创新力的翅膀。通过设置想象中的标靶，我们可以锻炼自己的想象力，不断创造一个又一个奇迹。

老师问幼儿园的小朋友："花儿为什么会开放啊？"

一位小朋友说："花儿睡醒了，想出来看太阳。"

另一位小朋友说："花儿想跟小朋友比一下，看谁的衣服漂亮。"

还有一位小朋友说："太阳出来了，花儿想伸个懒腰，结果把花朵顶开了。"

也有小朋友说："花儿想听听小朋友唱什么歌。"

　　小朋友的思维中蕴涵着无穷的创意、无边的想象。想象是人类独有的一种高级心理功能。它是在现实形象的基础上，通过大脑的回忆、加工和新的综合，创造生成新的形象的心理过程。通过想象，我们能把世界上许多事物联系起来，使我们的认识不再受时间和空间的限制，从而创造出一个更为广阔的世界。

　　爱因斯坦告诉我们："想象力比知识更加重要，因为我们了解的知识终归是有限的，而想象力却能包含整个世界，以及我们的未来和我们将来能了解的一切。"

　　著名的理论物理学家、1969年诺贝尔物理学奖得主盖尔曼曾经说过："作为一个出色的理论物理学家，想象力很重要。一定要想象、假设！也许事实并不是这样，但是这样可以使你接着往前研究。"

　　牛顿说："没有大胆的猜测，就得不出伟大的发现。"

　　黑格尔说："想象是最杰出的艺术本领。"

　　科学发现、技术发明等创造性活动都离不开想象力。只有开启想象的闸门，才能有力地伸展它的双翼，才会让我们的思想飞到成功之巅。

　　有人曾用一个形象的比喻来说明想象力在创新活动中的作用：创新活动犹如矫健的雄鹰，客观实际是这只雄鹰的躯体，想象力则是它的翅膀。雄鹰是因为有了翅膀才能振翅于高空，漫游于天际的。

　　想象力对于创新活动的影响是巨大的，它是创新的源泉。

　　法国著名作家儒勒·凡尔纳表现出的惊人想象力被许多人所熟知。他在无线电还未发明之前就已经想到了电视，在莱特兄弟制造出飞机之前的半个世纪已想到了直升机和飞机。什么坦克、导弹、潜水艇、霓虹灯等，他都预先想象到了。他在《月亮旅行记》中甚至讲到了几个炮兵坐在炮弹上让大炮把他们发射到月亮上。据说齐尔斯基——宇宙航行开拓者之一，正是受了凡尔纳著作的启发，才去从事星际航行理论研究的。

俄国科学家齐奥科夫斯基青年时代就被人们称为"大胆的幻想家"，他把未来的宇宙航行分成 15 步。值得惊叹的是，在齐奥科夫斯基作出这一大胆的幻想的时候，莱特兄弟的飞机还尚未问世。当时除了冲天鞭炮以外，世界上没有什么火箭。更加令人吃惊的是，许多想象通过近几十年的航空、航天技术的发展已经成为活生生的现实。也就是说，由于火箭、喷气式飞机、人造卫星、阿波罗登月计划、航天轨道站以及航天飞机的相继成功发明，齐奥科夫斯基的前 9 步都已基本实现。

早在齐奥科夫斯基的论文《利用喷气机探索宇宙》发表前 30 年，凡尔纳就发表了《从地球到月球》、《环绕月球》等科学幻想小说，提出了飞向月球的大胆设想。他想象在地球上挖一个 300 米深的发射井，在井中铸造一个大炮筒，把精心设计的"炮弹车厢"发射到月球上去。他甚至选择了离开地球的最近时刻，计算了克服地心引力所需要的速度以及怎样解决密封的"炮弹车厢"的氧气供给问题，这些对宇航研究很有启发。科学的发展以想象为先导，人们通过想象在头脑中拟定研究过程的伟业和蓝图，借助于想象在头脑中构成可能达到的预期结果。正是通过齐奥科夫斯基和凡尔纳丰富的设想，为人类登上月球在思维创造上开辟了道路。

韩信是汉朝著名的军事将领。有一天，汉高祖刘邦想试一试韩信的智谋。他拿出一块 5 寸见方的布帛，对韩信说："给你一天的时间，你在这上面尽量画上士兵。你能画多少，我就给你带多少兵。"

站在一旁的萧何心想：这一小块布帛，能画几个兵？于是他暗暗为韩信捏了一把汗，不想韩信毫不迟疑地接过布帛走了。

第二天，韩信按时交上布帛。刘邦一看，上面一个兵也没有，却不得不承认韩信的确是一个胸有兵马千万的人才，于是把兵权交给了他。

那么韩信在布帛上究竟画了些什么呢？

原来，韩信在上面画了一座城楼，城门口战马露出头来，一面"帅"字旗斜出。虽没见一兵一卒，却可想象到千军万马之势。韩信的过人想象力由此可见一斑。

在一场绘画的测试中，题目是要求考生们在一张画纸上用最简练的笔墨画出最多的骆驼。当答卷交上来时，评审发现，很多考生都在纸上画了大量的圆点，用圆点表示骆驼。但这些画都被认为缺乏想象力，因为其作画的思路都是：尽可能画更多的骆驼。而无论在纸上画多少圆点，其数量都是有限的。

唯独有一位考生的画纸上与众不同：一条弯弯的曲线表示山峰和山谷，画上有一只骆驼从山谷中走出来，另一只骆驼只露出一个头和半截脖子。谁也不知会从山谷里走出多少只骆驼，或许是一个庞大的骆驼群。因而，这位考生当之无愧夺得了冠军。

想象是创新的先导，是智慧的翅膀。想象力是人类特有的天赋，是一切创新活动最伟大的源泉，是人类进步的动力。假如你的创新之河即将干涸枯竭，那么，就请展开你的想象力吧，它将会使其奔流不息。

设置想象中的标靶

想象并非信马由缰，一个善于想象的人会设置想象中的标靶。"想象的标靶"这个概念是由心理学家凡戴尔证明的，这是一个人为控制的意识：让一个人每天坐在靶子前面，想象着自己正在对靶子投镖。经过一段时间后，这种心理练习几乎和实际投镖练习一样能提高准确性。设置想象中的标靶，可以最大限度地利用想象力，以最快的速度达到创新。

许多人认为，只有爱因斯坦那样的伟大人物才能够通过想象力创造奇迹。而事实上，我们每个人都有创造奇迹的天赋，只是大多数人没有发挥出来而已。如果你怀疑这个论断，就请从下面的实验中验证一下吧！这个论断也告诉我们，倘若我们想象着自己在做某件事，脑子里留下的印象和我们实际做那件事留下的印象几乎是一样的。通过想象力完成的实践还能够强化这种印象，有些事情甚至单纯通过想象力就可以实现。

美国报刊曾报道过一项实验，从中可显示出想象力的巨大威力。实验人员以改进投篮技巧为试验方式，将被试验的学生分成三组。第一组学生在20天内每天练习实际投篮，把第一天和最后一天的成绩记录下来；第二组学生也记录下第一天和最后一天的成绩，但在此期间不做任何练习；第三组学生记录下第一天的成绩，然后每天花10分钟做想象中的投篮。如果投篮不中时，他们便在想象中作出相应的纠正。

实验结果表明：第一组的学生每天实际练习20分钟，20天过去了，进球率增加了24%；第二组的学生因为没有练习，所以也没有任何进步；第三组学生每天花10分钟的时间来想象练习投篮20分钟的情景，最后进球率增加了26%！这表明，想象力的作用是巨大的，不可忽视的。

查理·帕罗思在《每年如何推销两万五》的书中讲到推销员设置想象中的标靶，最终提高销售业绩的事情。其具体做法是：想象自己完成了多少销售任务，然后找出实现的方法。这样反复想象，直到实际完成的任务量达到想象中完成的任务量。

事实表明，他们取得好成绩很正常，他们也越来越善于处理不同的情况。一些卓有成效的推销员通过想象力，设置想象中的标靶，并结合自己实际的操作，取得了很高的工作业绩。

他们还深刻地得出以下体会：每次他们同顾客谈话时，顾客说的话、提的问题或反对意见，都体现了一种特定的情境。倘若他们总是能估计顾客要说些什么，并能马上回答他的问题，妥善处理他的反对意见，他们就能把货物推销出去。

一个成功的推销员自己就可以想象推销时的情境，想象出客户怎样刁难自己、自己应该怎样对付，等等。由于事先想象过了，因此不管在什么情况下，你都能够做到有备无患。你可以想象和顾客面对面地站着，他提出反对意见，给你出各种难题，而你迅速而圆满地加以解决。

给自己设置想象中的标靶，是一种锻炼想象力的方法，也是一种提升创新力的方法。设置想象中的标靶，可以不断创造奇迹。下面是一名高尔夫球手身上发生过的事情，或许可以带给我们一些启示。

曾经有一个高尔夫球手，他的成绩过去常常徘徊在90多杆。由于环境的影响，他有7年时间没有再碰过球。而当他重回高尔夫球场时，他打出了74杆的好成绩。

在这没碰球的7年间，他没有上过一次高尔夫球课程，而且身体状况也在持续不断地恶化——他是战俘，被关在狭窄阴暗的牢房中，其中有5年半的时间他被单独关押，与世隔绝。在前几个月里，他天天祈祷以求获释。当一切已然绝望后，他决定找一个办法让自己生存下去。

在那狭小的牢笼，他决定用想象打高尔夫球。7年间，他每天都在脑海中打一次18洞的高尔夫，而且想象每一个具体细节——赛程、天气、服饰、树木、发球区、旗杆的位置。同时，他进一步想象击球的每一细节，用眼睛盯着球，背部摆动挥杆，于是球在空中飞翔，跃上果岭。

他就这样用想象的思维去打这18洞球，用与实际打球所花时间相同的4小时想象完成整个过程——这就是在7年未碰过球之后，他还能取得那么好的成绩的原因！

古今中外，很多知晓"想象中的标靶"威力的人曾自觉或不自觉地运用了想象力和排练实践来完善自我，获取创新力，最终取得成功。

亨利·凯瑟尔说过："事业上的每一个成就实现之前，他都在想象中预先实现过了。"人们过去总是把想象和魔术联系起来，实际上，想象力在成功学与创新领域中，确实具有难以预料的魔力。

但是，想象力并非"魔力"，它是我们每个人大脑里生来就有的一种思维能力。如果你想看看自己的想象力到底有多大能量，不妨自己试验一下。

想象是本能

在很久很久以前，两脚站立行走的类人猿多少不一地聚集生活在一起。这些类人猿以捕食小兔子、小鹿等为生，但这些家伙跑得非常快，以至类人猿次次狩猎都失败，所以常常是虽然跑了一整天，可全都要饿肚子。

有一天，一只类人猿因太灰心而思考了起来，若在地上挖一个洞等着，当猎物掉进陷阱时，就可以捉到它了。在当时来讲，这真是一种革新的狩猎方法。从此以后，类人猿不费大力气便可以抓到很多猎物，很悠闲地过着日子。在游手好闲、坐享其成的日子里，他们开始想有没有什么更新更有意思的东西。正是从那时开始，他们就本质性地变成了人类的模样。

从那以后，人类文明便以惊人的速度发展起来了。人类展开丰富的想象，用石头做成武器，把铁熔化做成各种工具来使用，想出了会飞的东西，造出了会跑的四轮工具，现在还制造出了虚拟的因特网。人类用丰富的想象力奇迹般地做出了惊人的事情来。如果在那时，那些类人猿没有想象力，我们人类也许还会过着与黑猩猩没有什么不同的生活。

列宁曾说过，有人认为只有诗人才需要想象，这是没有理由的，这是愚蠢的偏见，甚至在数学上也是需要想象的，甚至没有它就不可能发明微积分。人类的各种活动始终离不开想象。想象力是一种能力，它是智力的重要组成部分，是衡量思维能力高低的标尺，也是检测个性发展程度的标尺。《现代汉语词典》直言，想象能力是在知觉材料的基础上，经过新的配合而创造出新形象的能力。21 世纪，人类生存面临着严峻的挑战。生存的竞争是智慧的竞争，智慧的竞争需要想象力的开发。想象力是人生命力的最高表现，是社会前进的动力和源泉。想象是人的一种基本能力，没有想象，就没有人类的每一分进步；没有想象，就无法实现个人的飞跃。

想象力是一种思维方式。想象是思维中最活跃、最富有传奇色彩和创造性的成分。它是人在感知客观事物和在已有知识经验基础上，经过新的配合在头脑中形成和创造新形象的心理过程。而想象力则是具备这一思维以及实现其的能力。

人类的活动始终离不开想象，想象是人的重要能力。没有想象，就无法进行构思；没有想象，就无法进行创造。想象力是灵魂的创造力，是每个人自己的财富，是你在这个世界上唯一能够自己绝对控制的东西。你可以利用自己的想象，自由飞翔，即使是不在眼前的事物也能想出它的具体形象，即便是自古以来所未有的东西也能在你的奇妙想象中出现。

如果我们善于观察的话就会发现，一两岁的孩子总喜欢乱涂乱画，事后还乐颠颠地用不太流利的言语告诉人这是狗、这是猫、这是桥……当你看到这一幕时千万不要哑然失笑，因为你小的时候也是这样，因为这正是一个人开始萌发想象力的开始。

许多人在讲想象力时，立即想到了艺术创作或者心理学，把想象力看作一个非常专业化的词语。实际上，想象力是个非常重要的东西。甚至可以说，想象力或者说想象，就是人类存在的一种方式和基本能力。人类最神秘的精神存在方式，就是内在的一种想象，一种感应，一种领悟。而一个人生命力的强弱，一个最重要的指标，就是看他想象力活跃的程度如何。一个人的想象力强，就说明这个人的精神生命强大；一个人的想象力弱，那么就说明这个人的精神生命弱小。一个人想象力如果衰竭到零，就说明他内在的精神生命已经衰竭到零了。一个没有精神生命力和想象力的人，是什么责任都不能承担的。既然没有能力承担任何责任，对于任何需要他去做的事，他都觉得不可能，因为他知道自己不会负责。

就像大树从微小的种子发芽生长、小鸟从胚细胞中逐渐发育，你的物质成就也将从你的想象中创造出来。首先出现的是思想，然后再把这个思想和观念与计划组织起来，最后就是把这些计划变成事实。你将会注意到，一切都是从你的想象中开始。

一位学者曾经谈到他理解的"美国精神"，那就是"Nothing is impos – sible. Dream scan become true."（只有敢于想象，美梦才能成真。）在我们人生的历程中，必须充分发挥想象力，才能够在最有限的时间里走上捷径，创造最大的绩效。

想象力让人先行一步

想象力之所以比知识更重要，在于它让人先于学到知识——前人的经验、感觉以至预见到未来的趋势，以至于能走在他人、时代的前面。

1973 年，英国利物浦市一个高智商的青年科莱特，考入了美国哈佛大学。常和他坐在一起听课的，是一位常常奇思怪想的 18 岁美国小伙子。

大学二年级时，那位美国小伙子与科莱特商议，一起退学，去开发 32Bit 财务软件，因为新编教科书中，已解决了进位制路径转换问题。

当时，科莱特感到非常惊异，因为他来这儿是求学的，不是来闹着玩的。再说，对 Bit 系统，墨尔斯博士还未全部教完，要开发 32Bit 财务软件是不可能的。他委婉地拒绝了小伙子的邀请。

十年后，科莱特成为哈佛大学计算机系 Bit 方面的博士研究生；那位退学的小伙子也在这一年，进入美国《福布斯》亿万富翁排行榜。

科莱特继续攻读，1992 年，他拿到了博士后学位，成为一位在学术上造诣很深的人；而那位美国小伙子的个人资产，在这一年又有了突飞猛进的发展，仅次于华尔街大亨巴菲特，达到 65 亿美元，成为美国第二富豪。

1995 年，科莱特认为自己已具备了足够的学识，可以研究和开发 32Bit 财务软件了；而那位美国小伙子已绕过 Bit 系统，开发出 Eip 财务软件，它比 32Bit 快 1500 倍，并且在两周内占领了全球市场。这一年他成了世界首富。一个代表着成功和财富的名字——比尔·盖茨也随之传遍全球每一个角落。

两个人本来在同一起平线上，但就是因为想象力的差异，导致了两个人的命运出现了与知识掌握量相反的差距。

带有魔术意境的想象力

当美国魔术大师大卫·科波菲尔的大型魔幻演出在可容纳上万人的北京首都体育馆隆重推出时，无数人在饕餮这一西洋魔术的极品大餐。

大卫的舞台表演经常令人瞠目结舌，他先随意挑选出两名现场观众，然后在成千上万双眼睛的注视下让这两人一瞬间无影无踪，而人们通过现场设置的大屏幕看到，这两名幸运观众仿佛闯进了时间隧道，竟突然出现在千里之外的另一个地方。对于这个如梦似幻的魔术，大卫暗示自己手上拥有无限的飞行里数，所以可以将任何人带往想去的地方，"观众只知道有些东西正在进行中，但他们什么也不会看见"。

美国前总统里根曾经表示："我希望能经常在白宫见到大卫·科波菲尔，因为他或许能助我一臂之力，让国家的财政赤字问题得以解决。"

大卫·科波菲尔的表演是有想象力的——他用手来表达；我们在观看时则是调动了我们的想象力——用眼来观察；而在平时，我们是不可能像大卫那样如此灵活地运用双手，因此，我们得依赖于我们的语言——想象力能用语言表达。

想象是构思艺术形象的重要手段，是形象思维的基本方式。想象和虚构不是一回事。想象的内容主要来自生活。艺术中的想象力来自个人的生活知识和艺术修养，它可以引导人去设计并选择素材、环境、角度，使自己创作出的艺术形象有力地吸引观众并使之产生共鸣。

想象力离不开现实。任何想象，包括创造性想象，都是以生活作基础的，如果离开现实生活，就会使人想入非非、华而不实了。但在现实的基础上，又要给自己安上想象的翅膀，不能因为自己的想象太离奇而不好意思表达，更没有必要去嘲笑别人的想象。因为，没有想象，世界就一天也不能发展。

为了更好地发展想象，就要学会欣赏美术、音乐、戏剧等不同类型的艺术作品。与美术、音乐、戏剧相类似的多种活动都称其为艺术，这些活动必须要人们去发挥想象力。通过想象力创作出的艺术作品还会对启发许多人的想象力发挥作用。

人们常常把电影业称作制造梦想的产业。虽然电影是在 20 世纪初登场的、历史较短的艺术，但现在却存在于我们的身边。世界级电影艺术家梅里爱利用离我们生活最近的电影，创造出新型艺术表现手法。因为电影艺术在梅里爱想象并创造出来之前，世界上是不存在的。正是这具有独创性的想法，他才被称为继毕加索之后的最具革新精神的艺术家。而他用想象力构造出来的帝国更是空前的壮观，仅电影《侏罗纪公园》创造的票房收入就相当于韩国几年内汽车出口所赚得的钱。惊人吧？我们的未来与我们的想象力息息相关！

为此，要学会读书。不要以为自己是成人就不再适合于童话……正是这种心理的障碍在阻碍每个人的想象力。在读过精美有趣的童话书后，童话书中出现的故事就会在我们头脑中浮现以至于延展。

想象力让你发现希望

想象力是这样一种支持作用，它可以在你看似最无可能的时候发现希望；在最失败的时候鼓舞你的斗志。

有这样一个例子：日本有两家鞋厂分别派了一位推销员到太平洋上的一个小岛推销鞋子，这个岛地处热带，岛上居民一年四季都光着脚，全岛上找不出一双鞋子。一家鞋厂的推销员很失望，给公司本部拍了一份电报："岛上无人穿鞋，没有市场。"第二天，他就回国了。而另一家鞋厂的推销员看到这个岛上没人穿鞋，心头是一怔，但却没有放弃，而是住了下来，并想到这可能是一种成功的机会，于是他给公司拍了一份电报："岛上无人穿鞋，市场潜力很大，请速寄100双鞋来。"

等适合岛上居民穿的软塑料凉鞋寄到岛上，这个推销员已与岛上的居民混熟了，他把99双凉鞋送给了岛上有名望的人和一些年轻人，自己留下了一双穿。因为这种鞋不怕进水，又可保护脚不受蚊虫叮咬和石块戳伤，岛上居民穿上之后都觉得很舒服，不愿再脱下来。时机已到，推销员马上从公司运来大批鞋子，很快销售一空。一年后，岛上居民就全部穿上了鞋子。

岛上的居民从不穿鞋，这对于任何"思维正常"的人来说，意味着鞋子卖不掉，没有市场。但是那位成功的推销员却从绝望的表面看到希望，以自己的丰富想象力开拓出一个市场，让岛上的人都穿上鞋。在这种机会均等的条件下，这两位推销员做出了两种截然相反的判断，所以就采取了相反的策略和努力，也就出现了两种截然不同的结果。

由此可见，想象力的发挥与成功与否有着直接关系。

世界冠军摩拉里就是这样做的，早在少不更事、守着电视看奥运竞赛的年纪，他的心中就充满了梦想，梦想着即将到来的成功。1984年一个机会出现了，他想在他擅长的项目中，成为全世界最优秀的游泳者，但在洛杉矶的奥运会上，却只拿了亚军，想象与梦想并没有实现。他重新回到梦想中，回到游泳池中，又开始了训练。这一次目标是1988年韩国汉城奥运会金牌，他的梦想在奥运预选赛时就烟消云散，他竟然被淘汰。跟大多数人一样，他变得很沮丧，把这份梦想深埋心中，跑去康乃尔念律师学校。有三年的时间，他很少游泳。可是心中始终有股烈焰，他无法抑制这份渴望。

　　离 1992 年夏季赛前不到一年的时间，他决定再孤注一掷。在这项属于年轻人的游泳比赛中，他算是高龄，简直就像用枪矛戳风车的现代堂吉诃德，想赢得百米蝶泳赛的想法简直愚不可及。

　　对他而言，这也是一段悲伤艰难的时刻，因为他的母亲因病离世了。她将无法和他分享胜利的成果，可是追悼母亲的精神加强了他的决心和意志。令人惊讶，他不仅成为美国代表队成员，还赢得了初赛。他的记录比世界纪录慢了一秒多，在竞赛中他势必要创造一个奇迹。

　　加强想象，增加意想训练，不停地训练，他在心中仔细规划赛程，不用一分钟，他就能将比赛从头到尾，像透彻水晶般仔细想过一遍，他的速度会占尽优势。

　　预先想象了赛程，他就开始游了，而那天，他真的站在领奖台上，颈上挂着金牌，凭着想象力的鼓舞，摩拉里将梦想化为胜利，美梦成真。

想象力与现实

　　美国希尔顿饭店创立于 1919 年，在不到 90 年的时间里，从一家饭店扩展到 100 多家，遍布世界五大洲的各大城市，成为全球最大规模的饭店之一。希尔顿总公司的董事长唐纳·希尔顿 31 岁之际，在他父亲事业失败的时候，离开家乡新墨西哥。在此之前，他做过工友、行商、矿山的投机者等等。离开家乡后，他到达石油泉涌的德克萨斯州，准备有所作为，然而身边的总资金只有 3 美金。他想开办银行业，但资本的确太少，结果他买下蒙布勒饭店，以石油工人及行商人为对象，这便是世界饭店大王的创业起点。

唐纳·希尔顿如何带领自己的企业成功的呢？在其自传中对自己的一生进行了总结，归纳出成功的几个要素，其中第一二条其实都是指想象力：

1. 志向要远大，想法要宏伟。你想要有多大的发展，取得多大的价值和成就，你就得树多大的志向和理想。同样是一块铁，铸成马蹄铁后只值10元钱，制成磁针就值3加元，若制成手表的发条，就值30万元。人们应该对自己的前途把目标定得大一些，实现自己的最太价值。梦想是一种具有想象力的思考，是以热忱、精力、期望作后盾的。希尔顿一生做过许多梦，可以说他的事业就是寻梦的历程。从商人梦、银行家梦，到跻身饭店业后的饭店大王梦，他那充满想象力的梦想成了他行动的先导。随着事业的发展，他的梦也越来越多，把一个个美梦变为现实。梦想一切都从这里开始。

2. 发掘出自己独到的才智。希尔顿认为，人的才智各有不同，每个人从事的职业可以相同，别为了要花时间找立足之处而烦恼。希尔顿说，他就花了32年的时间去发掘自己的长处，开始还是个小职员，但这没什么可耻的。华盛顿起初也不过是个验货员，毛姆提笔写作前读的是医学，他们最终都找到了能充分发挥自己才能的事业，从而走向成功。不要因为长辈或薪金的原因被纳入一条固定的轨道，失掉应当属于自己的天地。别为暂时不知道自己的长处而犹疑不决，勇敢地开拓吧！你就会发现自己到底能干什么。

唐纳·希尔顿是如何来施展他的想象力呢？让我们来看看他在英国伦敦建希尔顿大饭店的故事。当他准备这样做时，惹起英国朝野骚动一时，为什么呢？因为这家饭店建在英国女王所居的白金汉宫的邻近，因此从饭店的楼上，可以眺望白金汉宫的庭院，并且一览无遗。这怎能不惹起是非呢？然而，希尔顿依然坚持到底，在一片反对声中建筑完成，并且开业了。这可以证明一件事，他满足了美国人的好奇，让他们在可以眺望英国王宫庭院的房间里，用的是美国式的卫生设备，以及豪华的床铺，还怕生意不兴旺吗？他还在他的故乡新墨西哥时，曾通过他父亲取得一家银行助理的职务。当时他用这样的一种名片，"克兰德·N·希尔顿·爱情介绍人，本人的爱情、接吻，以及尖锐的拥抱，是无人能及的"。这种名片确实令人惊讶不已，但这种性格真正是希尔顿的本性，毫不夸大其辞。换言之，希尔顿的经营战略，便是他个人的欲望，两者是一件事，绝对无法加以分开。他亲口说过："谈到人的欲望，的确是无底深渊，不管怎样，我的欲望是站在时代前沿，做饭店大王。"

希尔顿的想象力还可以从他喜欢跳舞这一点体现出来，当他80多岁时，其舞伴仍只限于"年轻美丽的淑女"。老年时的他仍说："我具有充沛的活力。因为我始终站在时代的最前沿！"

唐纳·希尔顿的成功源于不平常的想象力。而事实上，这些令人羡慕的力量就在我们每个人身上孕育。上苍给了我们所有人想象力这一令人感激的礼物，但是没有给所有人可以发挥这想象力的能力，取而代之的是，它给了我们坚忍不拔的毅力与耐心。像爱因斯坦、爱迪生以及希尔顿这样的人，他们不仅仅是停留在普通人不着边际的想象上。他们发挥了敏捷的想象力，克服重重困难，把想法变为现实，因此成为了值得大家学习的伟大人物。想象力是所有努力的人们最基本的能力。画家画出漂亮域的能力；还有音乐家谱写出令人感动的乐章，并把它们演奏出来的能力都可称为是想象力。

现在和未来正是由想象力所统治的世界。为什么呢？到现在为止，人们辛辛苦苦做出来的许多力气活，计算机可以毫不费力地把它们有条有理地做出来。可是人类要把计算机无法做到的富有创造性的事物做出来，这就需要我们的无穷无尽的新想法。创造出新事物的想法根本就是从想象力出发的，一个国家的前途也是由她拥有多少想象力丰富的人来决定的。

在想象中诞生的《哈利·波特》

20世纪90年代的英国，有一个23岁的女孩子，除了有着丰富的想像力之外，与别人相比并没有什么不同，平常的父母，平常的相貌，上的也是平常的大学。

大学的宽松环境让她有了更多的时间去想象，她的脑海中常会出现童话中的情景：穿着白衣裙的美丽姑娘、蔚蓝的天空、绿绿的草地，当然，还有巫婆和魔鬼……他们之间有着许多离奇的故事，她常常动手把这些想法写下来，并且乐此不疲。

在大学里，她爱上了一个男孩，他的举止和言谈真的和童话里一样，他是她想象中的"白马王子"，她很爱他。他们之间有一场浪漫而充满温情的爱情。但是，他却受不了她的脑海中那些荒唐的不切实际的想法。她有许多意想不到的怪主意，例如去听树叶的歌唱，去看蝴蝶的晚会等等。她会在约会的时候，突然给他讲述一个刚刚想到的童话，他烦透了这些远离人间烟火的故事。

他对她说："你已经23岁了，但你看来永远都长不大。我没有足够的时间等你长成大人那一天。"他弃她而去。

失恋的打击没有使她放弃她的梦想和写作。她将自己的满腔热情全部投入到了想象和；写作之中。

25 岁那年，她带着一些淡淡的忧伤和改变生活环境的想法，来到她向往的具有浪漫色彩的葡萄牙。在那里，她很快找到了一份英语教师的工作，业余时间则继续写童话。

一位青年记者很快走进了她的生活，青年记者幽默、风趣而且才华横溢。她爱上了他，并且很快步入了婚姻的殿堂。

但她的奇思异想还是让他苦不堪言，他开始和其他姑娘来往。不久，他们的婚姻走到了尽头，他留给她一个女儿。

她经受了生命中最沉重的一击。祸不单行的是离婚不久，她又被学校解聘了，无法在葡萄牙立足的她只得回到了自己的故乡，靠领取社会救济金和亲友的资助生活。

但她还是没有停止她的写作，现在她的要求很低，只是把这些童话故事讲给女儿听。

有一天，她在英格兰乘地铁，当她坐在冰冷的椅子上等晚点的地铁到来时，一个人物造型突然涌上心头。回到家，她铺开稿纸，多年的生活阅历让她的灵感和创作热情一发不可收。

她的长篇童话《哈利·波特》问世了，并不看好这本书的出版商出版了这本书，没想到，这本书一上市就畅销全国，销量达到了数百万之巨，所有人都为此感到吃惊。

她叫乔安娜·罗琳，她被评为"英国在职妇女收入榜"之首，现在是个有着亿万身价的富婆，被美国著名的《福布斯》杂志列入"100 名全球最有权力名人"，名列第 25 位。

每个人都会想象，但想象最终总被岁月无情地夺去，只留下苍白而又简单的色彩。

大胆想象

很多年之前，世界的航空水平还处于螺旋桨式的小型飞机的时代。飞机无法作长时间的飞行，运载能力很低，而且故障率较高。

美国环球航空公司为了拓宽视野，展望航空业的未来，组织了一次较大规模的航空知识有奖竞赛，要求每一位参赛者对航空业的未来作出大胆的想象。在专家组对所有的答卷进行评选后颁奖，其间当然也有人得到了颁奖。

40多年之后，环球航空公司在整理档案时又一次翻阅了当年的那些答卷，一共是13 000余份。他们饶有兴致地看了那些形形色色的"大胆想象"，但遗憾的是，那些众多的答卷实在是太保守了，根本就谈不上大胆两个字。

当他们看到一位名叫海伦的答卷时，几乎都被惊呆了，她所有大胆的想象全都变成了现实。也就是说，在13 000余份答卷中，只有海伦这一份才真正称得上是最完满、最正确、最具远见、最激动人心的答卷。答卷主要内容是：

到1985年，喷气式飞机的载客量可达到300人，最高时速可达到700千米，航程可以达到5 000千米。有的飞机可以自由降落，甚至可以在楼房的平台上紧急降落。到那个时候，美国人可以乘坐飞机到达夏威夷、澳大利亚、罗马，甚至埃及的金字塔……此外，海伦还对机场的地面设施、导航设施都作了大胆的想象。

如此大胆的想象，在当时无异于天方夜谭，当然不可能被各界看好，包括专家组。

海伦的答卷"理所当然"地被淘汰、被放弃了，没有人会赞成这份近乎于"痴人说梦"的答卷获奖。

后来，环球航空公司通过多方面的努力，终于找到了海伦。她已是满头银发80多岁高龄的老人了。通过进一步的了解得知，当时海伦是个航空爱好者，在报上看到了航空知识有奖竞赛的这则启事后，便认真地填写了自己上面的那些大胆想象。

环球航空公司研究后作出了一个非同凡响的决定：拿出5万美元，给海伦颁发迟到40多年的奖励，以鼓励人们大胆的想象。

大胆的想象在多年以后很有可能变成现实，如果现在我们每个人都为自己设定一个长远的目标，向着那个目标努力，梦想很有可能会在多年后实现。

科学需要幻想

一个雨后初晴的晚上，天空是一片澄澈的蓝色，见证了历史沧桑的星星在天上悠闲地聊天，空气里满是树木和花的清香。年轻的哥白尼扶着身体虚弱的老师外出散步。走着走着，哥白尼抬头望了望天空，长长地叹了一口气说："唉，老师，您说人们对于天上的秘密为什么至今还摸不着底呢？"

"瞧你，孩子，一开口就谈起天空……"教授一本正经地说，"我们是出来散步的，不许你拿学问上的事情来问我，免得我不得安宁。"

"是的，老师。"哥白尼恭恭敬敬地说，"请您小心，前面有烂泥。"

"唉，"教授叹气说，"这鬼地方，一下雨就成了泥塘，走道也好像漂洋过海一样。"

"您是说漂洋过海吗，老师?"哥白尼兴致勃勃地说，"我有位朋友来信说，意大利航海家哥伦布正在漂洋过海，一心要探寻出地球到底是什么形状的。我倒是希望有朝一日能造出一种飞船，乘着它穿过云海，飞越星空，去探寻宇宙的奥秘。"

"那又怎么样呢，哥白尼?"教授打断了哥白尼的话。

"那我就要做这艘飞船的第一个船长!"哥白尼喜滋滋地回答说。

"到时候可别忘了把我这老头子也带上啊!"教授爽朗地笑了。

这时候，哥白尼停下脚步，又抬头仰望茫茫无际的夜空，心情激动，滔滔不绝地说："老师，您可知道，天上那些闪着银光的星星，像一些迷眼的沙尘一样，老是使我又向往又苦恼。我真恨不能飞上九重天，去好好看个明白。不过，我的飞翔不是靠翅膀，我的航行不是靠风帆。我有两件您教给我的法宝：一件是数学，一件是观测。"

"好啊，有理想的年轻人!"教授慈爱地抚摸着哥白尼蓬松的头发夸奖说。

"是的，我的理想在高高的天空上，我会让我的想象变成现实!"哥白尼满怀信心地说。

后来，他经过观察和研究，创立了更为科学的宇宙结构体系——日心说，动摇了在西方统治达一千多年的地心说。

幻想是创造想象的特殊形式，是十分可贵的。正如郭沫若所说："科学需要创造，需要幻想，有幻想才能打破传统的束缚，才能发展科学。"

想象力是无限的

爱迪生出生的地方，是美国中西部的俄亥俄州的米兰小市镇。爱迪生在米兰的逸事传说很多，有人说他是一个与众不同的孩子。首先，小家伙出世以后几乎从来不哭，总是笑。灰色的眼睛亮晶晶的，看起来很聪明，不过头显得特别大，身体很孱弱，看上去弱不禁风。他常对一些物体感兴趣，然后试图用手去抓。他的嘴和眼睛活动起来，就像成年人考虑问题时一样。他从来不停止他已决定做的事情。

爱迪生最大的与众不同，就是在小时候有着非同凡响的想象力，喜欢问东问西，并且有一种将别人告诉他的事情付诸实践的本能，以及两倍于他人的精力和创造精神。他学说话好像就是为了问问题似的。他提出的一些问题虽然不重要，但不容易回答。由于他问的问题太多，他家的大多数成员甚至都不想回答。一次他问父亲："为什么刮风？"父亲回答："爱迪生，我不知道。"爱迪生又问："你为什么不知道？"他不但爱问，而且什么事都想亲自试一试。

由于爱迪生对许多事情感兴趣，他经常碰到危险。一次，他到储存麦子的房子里，不小心一头栽到麦囤里，麦子埋住了脑袋，动也不能动了，他差一点死去，幸亏有人及时发现，抓住爱迪生的脚把他拉了出来。还有一次，他掉进水里，结果像落汤鸡一样被人拉了上来，他自己也受惊不小。他4岁那年，想看看篱笆上野蜂窝里有什么奥秘，就用一根树枝去捅，结果脸被野蜂蜇得红肿，眼睛几乎都睁不开了。

爱迪生经常到叔叔家去玩。一天，他到叔叔家里，看见叔叔正在用一个气球做一种飞行装置实验，这个实验使他入了迷。他想，要是人的肚子里充满了气，一定会升上天，那该多美啊！几天以后，他把几种化学制品放在一起，叫他父亲的一个佣工迈克尔奥茨吃化学制品飞行，佣工吃了爱迪生配制的化学制品后几乎昏厥过去。由于做这些事情，爱迪生遭到父亲的鞭打。爱迪生的父亲认为，只有鞭打他，他才不会再惹麻烦。

虽然爱迪生受了鞭打，但不能阻止他对一些事情产生兴趣。他6岁就下地劳动，爱观察、爱想问题、爱追根求源是他向新奇的大千世界求知的钥匙。村子中间的十字路口长着大榆树、红枫树，他就去观察那些树是怎么生长的：沿街店铺有好多漂亮的招牌，他也要去把它们认真地抄写下来，甚至画下来。强烈的求知欲和想象力是使爱迪生成为伟大的发明家的原因之一。

想像力比知识更重要。因为知识是有限的，而想像力是无限的。对未知世界充满好奇，多寻根求源是我们保持想像力、求知欲的金钥匙。

大胆的想象让我们的成功不再遥远

斯坦麦茨一生下来就左腿不能伸直，背部隆起。一岁的时候，母亲又去世了。斯坦麦茨失去了母爱。但是，斯坦麦茨的奶奶对他很好，总是给斯坦麦茨讲故事，和他聊天，许多事都尊重他的意见，所以斯坦麦茨一点也不觉得孤单。

有一次，奶奶不在家，斯坦麦茨用积木搭起一座宫殿，他想让自己的宫殿金碧辉煌，亮堂堂的，于是，他点了一支小蜡烛放在搭好的宫殿里面。刚开始宫殿确实明亮了起来，斯坦麦茨非常高兴，但是,：不一会儿，宫殿着火了。斯坦麦茨吓坏了，他不知道该怎么办才好。这时候奶奶回来了，奶奶没有骂斯坦麦茨，她用水浇灭了火，并给他讲了为什么会着火。

这时候，斯坦麦茨的心里有了这样一个愿望，那就是一定要发明一种光亮，既可以照亮宫殿又不会把它烧成灰烬。

这个愿望一直激励着斯坦麦茨。

后来，斯坦麦茨成为了一个机电工程师，专门研究电能的工作。他以卓越的数学才能科学地阐述了电流滞后定律，形成了系统的电学理论。

根据他的理论，人们建造了发电厂，斯坦麦茨童年的愿望实现了。

斯坦麦茨通过美好的想象来激励自己实现理想，这个办法真不错。大胆的想象让我们的成功不再遥远。

保持丰富的想象力

一个建筑公司的经理忽然收到一份购买两只小白鼠的账单，感到好生奇怪。

经过调查，他得知，原来这两只老鼠是他的一个部下买的。他把那个部下叫来，问道："你为什么要买两只小白鼠?"

部下答道："上星期我们公司去修的那所房子，要安装新电线。我们要把电线穿过一个10米长，但直径只有2.5厘米的管道，管道是砌在砖石里，并且弯了4个弯。我们谁也想不出怎么让电线穿过去，即使想到几个也被否决了。最后我想了一个好主意。我到一个商店买来两只小白鼠，一公一母，然后我把一根线绑在公鼠身上并把它放在管子的一端。另一名工作人员则把那只母鼠放到管子的另一端，逗它吱吱叫。公鼠听到母鼠的叫声，便沿着管子跑去救它。公鼠沿着管子跑，身后的那根线也被拖着跑。公鼠身上绑着的线连着电线，公鼠拉着线和电线跑过了整个管道。所以我认为它们是当之无愧的功臣，也许今后对我们的工作会有帮助的。"

毕加索说："每个孩子都是艺术家，问题在于你长大成人之后是否能够继续保持艺术家的灵性。"这就需要我们保持丰富的想像力。

第七章　创新让人生更出彩

没有创新，我们将止步不前；没有创新，我们将被历史遗忘；没有创新，人类也就失去了生存的意义。让人生出彩，最重要的一点是不能满足于现状，要不断创新，努力创造新的人生价值、社会价值。创新，永远是个人前进的动力、社会进步的源泉。改变中国大型压缩机完全依靠进口的现状、创造中国人自己的石化工业技术装备，正因为有着这样梦想和追求，姜妍才敢于勇挑重担，攻坚克难，从零做起，在白纸上绘出最美的设计蓝图，为中国的装备制造业创造出新的奇迹。

别让你的创新意识沉睡

我们可能经常听到老师说，希望你们能成为创造型人才。21世纪仅有知识是不够的，必须有能够赶超世界先进技术水平的开拓进取精神和创造能力。但你们可能也会觉得自己很困惑，因为你们周围很多人在谈到创造力的时候，都认为这是少数人才有的特殊能力。不过，心理学的科学研究发现这种看法非常不对，因为许多有创造力潜能的人可能从来不知道自己有这个能力，他们以为自己不可能有创造力。

同学们可能心里正在犯嘀咕：那个著名的苹果的确就没有掉在

我的头上；我看到水壶烧开水的时候，也确实就没有灵感来发明蒸汽机。创造力如果不是少数人才拥有的，那么我们每一个人岂不是都可以成为发明家？

多年来，人们总认为创造只是个别人的专利，这给"创造"二个涂上了神秘的色彩。事实上，正是这样的思想禁锢了人们的创造力，他们恰恰把这个错误的信息也传递给了你。

其实，创造并不神秘，智力健全的人都存在创造潜力。

创造力就像智慧一样，是每一个人都有的，只有拥有的程度不一样而已。而且创造力也不是一种一成不变的特质：一个人的创造力并非一生下来就刻在石碑上不会变。它像其他的能力一样，是每一个人都可以去发展使它达到某一个程度的。

心理学家研究了许多有创意的人的特点，最后得到的结论是，他们之间的确有共同之处。但是这个共同的特质并非像我们在很多人想象的那样是智力的差异，而是他们不愿意随波逐流，不打算随便地踩在其他人的脚印上走同一条路而以。

你可能还会问，你听过的所有关于发明创造的故事，都和那些人聪明大脑和突如其来的灵感有关，那么如果我没有灵感是不是就没有机会实现问题。

据说在美国曾经有一场智力竞赛，旗鼓相当的竞争对手们撑到了最后一题的关键时刻，主持人问："一个充气不足、即将坠毁的热气球，上面载着三位关系到人类兴亡的科学家，必须丢出一个减轻重量。三个人中，一位是环保专家，他的研究可以拯救无数生命，因环境污染而身陷死亡的厄运；另一位是原子专家，他有绝对的能力防止全球性的原子战争；还有一位是粮食专家，他能够使不毛之地再生谷物，让数以亿计的人类脱离饥饿。那么应该把谁扔下去呢?"这道题难到让高手们都觉得为难,因为把谁扔下去似乎都是不合理的,并且关系人类的兴亡,最后得奖的却是一个中学生,他的答案是"把最胖的那个科学家丢出去。"

仔细回味这下这个故事,这位中学生的答案,出乎所有人的意料,也出乎你的意料,他赢得比赛是因灵感光顾了他吗?不是,只是因为他懂得了换角度思考问题。

很多人的创造意识都在酣睡,需要自己去唤醒。创造意识非常可贵,但最初它总是非常微弱和模糊,甚至稍纵即逝,往往难以战胜人们习惯的思维模式,因此要想真正发挥创造潜能,除了创造的勇气,还必须培育自己的创造新意识。

一个人只要智商在中等以上,通过适当的自我训练都可以有创造力,而创造力跟天才一样是"一分天赋,九分努力",所有的发明家都是锲而大舍,一试再试以后才成功的。光靠灵感是不可能成功的。因为灵感并不是凭空而降的,它也需要背景知识才可光顾你。只要低估肯下功夫,你就会找到打开 21 世纪成功之门的金钥匙,成为一个富有创造的人才。

自觉培养你的创造力

著名物理学家、诺贝尔将获得者、美籍华人杨振宁先生曾对我国《儿童时代》的记者这样说过:"中国的学生啊,真该好好提倡创造精神。中国古代传下来的教育思想很不对头,老让人背书,让人做学问。好像只有考试分数高就是好学生,将来要是做得出论文,说的大道理一套连一套,就是有本事,这不对头啊!读书是为了发明创造，为了能动手做得更聪明更好！这才是真正的有本事呐！"他还说："不该说读书努力就是好学生，应该说有很强的动手能力和创造精神才是好学生。"

"读书是为了发明创造。"同学们应该认真思考一下杨先生这句话。我们的国家和社会需要创造性的人才而不是只会读书、写论文、讲道理的书呆子。日本在第二次世界大战之后短短的时间里，把一片废墟建设成一个经济、技术高度发达的国家，是因为他们一方面长期推行一条技术引进方针，充分利用外国人的发明；另一方面重视对新一代创造能力的培养，并且在民间广泛开展发明活动，他们目前的创造才能一直是社会的共同行动。

创造力在人类生活、学习和工作过程中都起非常重要作用。离开了创造力，人既不可能有什么预见，也不可能有什么发明和新的发现。同学们，你们作为国家未来的栋梁之材，一定要从小注重自己创造力的培养。

创造力单纯从字面上理解，就不是一种平庸能力。

非同凡响的创造力

在科学上，发现（discover），发明（invention）和创造（creation）的层次是不同的。哥伦布发现新大陆是发现，因为新大陆在哥伦布之前早就在那里了。他不发现，别人迟早也会发现；爱迪生发明电灯泡是发明，因为当时各种条件都已具备，也有好几个人同时在进行同样的研究，不是爱迪生必然也有别人会发明电灯泡。

只有创造是不同的，创造是无中生有，它的人个性很强，没有这个人就没有这个作品出来；或许别人也会去创造，但是他的创造作品和你的创造作品不一样，因为他不是你。改变历史的，给人类带来精神文化遗产的多半是"创造",而不是前面所提的"发现"或"发明"。

创造力和智慧是不一样的,你只要具备中等以上的智力就足以创造新东西了。最聪明的人并不见得就是最有创造力的人。而且知识还不能太多,对这个领域的知识太多时,反而会阻碍创意的出现。你要有一些背景知识,因为一个完全不懂电学原理的人是不可能发明电灯的;但是太多的背景知识会使你陷入窠臼中,不敢放手去做,看不见传统观念对这个事件看法以外的另一面。一般来说,一个人只要有普通常识,加上丰富的想象力,他就可以成为一个有创意的科学家了。所以下面我们来谈一下培养创造力的几个必要条件。

别的微生物学家,看到细菌的培养皿被空气中其他细菌所污染,都会诅咒自己的运气不好,庆幸还没有投资太多的时间到这个培养皿上,然后把培养皿倒掉,重新再来做。发明盘尼西林的弗莱明却不一样,他看到培养皿被污染了,正要倒掉时,突然观察到原来生长茂盛的细菌缩得很小了,他把这个培养皿中的液体滴了几滴到另一个长满细菌的培养皿中三个小时以后再去观察时,发现原来茂盛的细菌团果然又缩得很小了。由此他知道这个绿色的细菌是可以杀死葡萄球菌和链球菌的。盘尼西林的发现使人口的死亡率立刻降低一半,也使弗莱明在 1945 年得到诺贝尔的生物医学奖。他与别的细菌学家不同的地方就在于他的观察力。他在倾倒被污染的培养皿的那一刹那,看到了原来链球菌的死亡,使他成为 20 世纪人类最伟大的救星。

有了观察力还得有形成假设的能(这就需要普通常识和想象力发挥的空间了)。

达尔文看到两个相距很远的海岛上有着相同的淡水沼泽植物，他的知识让他相信这不可能是上帝两次创造出来的结果。但是他必须要有一个理论来解释这些淡水植物是如何漂洋过海到另一个海岛上生根的。他的想象力告诉他，一定是水鸟带过去的，所以他就到沼泽过去挖了一杯泥土带回去让它发芽，看看这一点泥土中是否可以存在很多不同的植物种子，如果水鸟脚上的一点点泥土就可能包含有各种植物的种子。果然在这一小杯泥土中，他收集到347查植物的芽，所以他知道他的理论是正确的了。

有了观察力，有解释观察到现象的能力，还要有不屈不挠的精神才行。大多数的创造是经过无数次的尝试才成功的。即便是我们所谓的"顿语"、"灵光一闪"、"灵感"等现象。其实也是当事人在穷思苦想之后才可能发生的，所谓"机遇偏爱有备之心"。天才没有一蹴可就的事，所以坚毅便成为所有成功的人一个共同的人格特质。

在创意里，因为它只要有中上的智力，不求极端聪明，它又要求有想象力、观察力，所以后天的环境就变得很重要了。耶鲁大学的史登堡教授认为创造力是可以培养、可以训练的，他认为创造力必须要在一个自由开放的空间才能茁壮成长，因为创造力需要现象力。在一个被教条法规绑得死死的环境里是不可能发挥想象力的有创造力的人在遇到问题时往往不从大家所看的观点去想，而是重新把问题界定一下。当有了可以被解决的方法时，就可以动手去做了。重新界定问题听起来很难，其实并不难。你只要把问题倒过来想，从最后的结果往前推，步骤就会简单很多。

史登堡曾经举一个例子说一个水塘长满了水莲花，假如这种水莲花是每24小时增加一倍，那么这个水塘在第一棵水莲花种下去后60天就全部长满了，请问什么时候这个水塘是半满的？这个问题正向去想，全很慢，但是倒着去想，就很快——既然是每一天增加一倍，第60天时会满，那么半满时一定要是第59天了。所以若能把问题重新界定一下，原来的死路就会变成柳暗花明又一村了。

另外，对于创造力的培养，史登堡认为要有效"反共道而行"、"村新立异"的勇气。假如人是领袖而不是追随者，作为一个走在时代前面的人是要有相当的勇气的。塞尚、梵高的画在他们活的时候都不能得到大众的接受，使他们潦倒一生，贫病而死。但是现在梵高的画常常是国际拍卖会上的最高价作品。所以作为一个创意人要有坚持自己理想，接受别人奚落、嘲笑，甚至迫害的勇气。

伽利略就是一个很好的例子，他差一点为了理想被抓去烧死，但他正是一个非常有创意的人。因为在他之前，很多天文学家都在望远镜里，看到了月球黑暗的部分里有一些光点。这些光点逐渐变大、变亮，最后跟其他光亮的部分合而为一；但是只有他想到这个现象跟我们早上看到太阳照射在山头，太阳爬得越高，山谷的阴影缩得越小，最后整下山头都照在阳光之下，是一样的道理。所以他下结论说月球表面一定不是光滑的，是高高低低跟地球一样有山有谷的。当然现在我们知道伽利略是对了，但是当时伽利略是被当作疯子对待的，他曾经到处流浪，躲遭教徒的迫害。

你可能会问，何必那么辛苦做创意人呢？做个普普通通的老百姓"无罪无当贵"，平淡过一生不就好了吗？这一点是人跟动物不一样的地方。人有"自我实现"的需求。

把自己的潜能发挥到极限是每一个人生存在这个世界上的理想与目的，也是教育的宗旨。

史登堡提出了许多增进创意的方法，但是他基本上是鼓励年轻人反抗传统，走自己的路。告诉他们：只有开放的胸襟，去尝试并接受新的东西，才能适应时代的需要。就如二十年前，美国每一个学校都有打字机，现在全部被电脑所取代。打字机现在即使要买，都不容易买得到。再近几年，打字机搞不好就变成收藏家收集的古董了。创造力是人类文明演讲的推动力，在社会转型期时更显重要，它是一个不受自然资源束缚限制最重要的人力资源。

自我开发创造力的三大关键

据说大航海家哥伦布发现美洲后回到英国，英国女王为他设宴庆功。许多王公大臣和名流绅士应邀而来，但他们都瞧不起这个没有地位的平民，纷纷出言相讽。比如说"这有什么了不起的，只要朝一个方向航行，我出去航海一样会发现新大陆""驾驶帆船，一太容易！女王不应给一个只会驾驶帆船的船夫这样高的奖赏"。

面对这些无知的贵族的嘲讽，哥伦布从桌上拿起一个鸡蛋，笑着问大家："各位尊贵的先生，哪位能把这个鸡蛋立起来？"于是一些自以为智力超群的人物纷纷开始立那个鸡蛋，但左立右立，站立坐立，想尽了办法，也立不住椭圆形的鸡蛋。所有人都放弃了，大家把怀疑的目光投向哥伦布。哥伦布拿起鸡蛋，"啪"的一声往桌子上敲了一下。鸡蛋的一半碎了，有了一个横截面的鸡蛋牢牢地立在桌子上。众人嚷道："这谁不会呀！这太简单了。"哥伦布微笑着说

"是啊，这很简单，但我做到之前你们为什么想不到呢？"

有许多事情看上去很简单，但发现的过程却是复杂和艰辛的。同学们，想要在司空见惯而简单的日常现象中发现不简单的意义，探寻混乱中的规律，就不是一件简单的事，创造力的开发就是这样。

创造力的开发是一件不简单的事情。创造力的构成可归结为三个方面，知识、思维方式和品格。

知识是我们产生创造想法的源泉。我们的知识越渊博，就越容易产生新的联想、新的见解、新的创造。科学巨匠牛顿说，他所以取得伟大的成就，是因为他站在巨人的肩膀上。这"巨人"可以理解为无数前人所创造的知识的化身。积累知识是基础，将知识融会贯通更重要。现代科学技术正朝着既不断分化又不断综合的方向发展，新知识的生长点往往出现在学科的边缘和学科之间的交叉处。学文科的学生应懂一些理科知识，学理科的学生也应涉足文学艺术。法国化学家利希腾贝格说过："一个只知道化学的化学家，他未必真懂化学。"

广泛涉猎，博学多识，学贯古今，学贯古今，触类旁通，应该成为走向卓越的中学生的共同的追求。

知识，包括吸收知识的能力、记忆知识的能力和理解知识的能力，都是创造力的基础。任何创造都离不开知识，知识丰富有利于更多更好地提出创造性的设想，对设想进行科学的分析、鉴别与简化、调整、修正；并有利于创造方案的实施与检验，这是创造力的重要内容。吸收知识、巩固知识、掌握专业技术、实际操作技术、积累实践经验、扩大知识面、运用知识分析问题，这是我们同学们培养自己的创造力的前提条件。

创造力结构的第二个方面是思维方式，是以创造性思维能力为核心的智能。智能是智力和多种能力的综合，既包括敏锐独特的观察力、高度集中的注意力、高效持久的记忆力和灵活自如的动手操作能力，也包括创造性思维能力，还包括掌握和运用创造原理、技巧和方法的能力等。这是构成创造力的重要部分。爱因斯坦说"想象力比知识更重要"，说的就是思维方式中的一个重要要素——联想能力和求异思维。

重视思维的流畅性、变通性和独创性；培养求异思维和求同思维；培养急骤性联想能力——这些都是创造力开发的重要环节。急骤性联想是指集思广益方式在一定时间内采用极迅速的联想作用，引起新颖而有创造性的观点。同学们常常玩的脑筋急转弯游戏，就是一种急骤性联想的训练。

美国中学生头脑奥林匹克竞赛中有一道竞赛题，要求参赛学生设计一种水上运载工具，但要打破常规造型，强调求异思维，体现创新精神。许多学生绞尽脑汁，设计了各种造型的运载工具，可总摆脱不了大家熟知的船的形状和结构。唯独有一位学生构思奇特，他设计的作品像一只硕大的"水蜘蛛"，不像船那样在水上航行，而是像水蜘蛛那样在水面上"爬行"。这件作品在所有参赛作品中独树一帜，引人注目。虽然这一设计最后在实际操作中失败了，但几乎所有的评委都给他亮了最高分。原因就是这个设计的求异思维能力超乎寻常。

一个有知识的人并不一定是一个有创造力的人，因为我们对某一事物的传统意义知之太多，就会阻碍思维的灵活性，使我们不由自主地被前人牵着鼻子走，从而形成智力屏障，导致思维方式的僵化。古今中外有不少人勤奋刻苦，但终其一生，有积累而无创造，为知识所累，为知识所困。所以创造个性品质，包括意志、情操等方面的内容，可以帮我们克服在创造力培养上的障碍。优良的个性品质如永不满足的进取心、强烈的求知欲、坚韧顽强的意志、积极主动的独立思考精神都是发挥创造力的重要条件和保证。

阻碍我们去发现、去创造的，常常是我们心理上的障碍和思想中的顽石。要为思路的开拓变化留有充分的余地，使知识能灵活地聚合、置换、跳跃、碰撞，迸发出创造的火花。这要求我们有相应创造力的个性品质来促成这些思维过程获得创造的结果。

一个人能够洞悉自己的内心，才能够发现自己的长短与优劣，才明白哪些地方需要改造，哪些东西需要坚持，所以自我反省的能力也是创造力的一个支撑点。同时垮养创新新能力需要坚强的毅力和巨大的勇气。

因为创新就意味着改变，就意味着风险。然而我们大多数人都喜欢稳定的生活，这种习惯是培养创新意识、创新能力的另一障碍。创新的想法出来后，也极可能引起社会的反对和抨击，此时此刻则更需要非同寻常的自信和勇气。

总之，知识、智能和优良个性品质是创造力构成的基本要素，它们相互作用、相互影响，决定创造力的水平。

在学习中培养发散性思维

美国著名心理学家吉尔福德曾有过定论，他认为发散性思维及其转化与创造性思维的关系最为密切。

发散性思维就是从多种设想出发，力图使自己的思维遵循一种规律，使设想和计划向各种可能的方向辐射，设定多方面的答案和结果，从而引发出更多的解决问题、实现目标的方法。创造性思维能力的三个特性中，以吉尔福德的观点：发散性是前提，要多角度地分析问题，单一性思维是不利于训练同学们的创造力思维的。

既然是多角度，那么正的、反的、远距离的、近距离的、相似性的、差异性的这些都是角度，所以我们在生活中经常听到和创造力相关的思维方式。比如，逆向思维、求异思维、非逻辑思维、灵感思维、求源思维、想象力等方法，都是打破定势的发散性思维。

"一块红砖有多少种用途？"当建材、打狗、镇物用、阻滑、画画、雕刻、当秤砣，这些答案都是发散性思维的结果。

拥有发散性思维的人大多具备以下特征：①能够正确对待不同意见，善于从中找出对自己有益的信息，并把它融入自己正在运作的目标中去。②可以对一件事情提出多种改进意见或补充意见，而这些意见都是紧密围绕整体或者大局的。③想象力丰富，做事充满信心。④追求与众不同的做事风格与预期目标，能够从现状中发现另一个主见。

我们可以在学习中培养自己的发散性思维。比如，我们复习和做练习，做作业解题的本身就可以成为培养创造力的途径。下面我给大家介绍几种在解题中培养发散思维的方法。

（1）换个角度叙述

许多问题可用不同的形式叙述，而不变其实质。同学们试试把问题变换说法叙述出来。如，某班男生人数是女生人数的2/3，可以改为男生人数比女生人数少1/3；女生人数是男生人数的1倍等等。这几种说法都没有改变某班男生人数是女生人数的2/3的倍数关系。但换个说法，就是在培养求异思维。

（2）提出多个问题

提出问题的本身就是积极思维的结果。如果你能提出问题并能解决它，既展开了思路，又提高了自己分析问题的能力，这是培养求新思维。

（3）试着一题多解

有些题目，从不同角度观察分析，往往有多种不同的解法。为了达到锻炼思维灵活性的目的，可以经常做一些一题多解的练习。通过对同一题的各种解法的观察、对比，从中找出最合理的思路和简便的解题方法。一题多解是典型的发散性思维训练，它会帮助我们从理解到解决问题不是单一化的途径。有些简单，有些复杂，在不同的条件下各有千秋。

（4）多进行变式训练

变式，按心理学的观点来说，就是让提供给自己的各种直观材料或事例不断变换呈现形式，本质属性保持恒定，而非本质属性则不常出现。变式的意思就是，"现在如此，如果改变条件，会将如何？"这将培养我们思维的灵活度，注意到发展变化的条件会带来的影响。

（5）逆向解题

一般，同学们习惯于顺叙、顺思，不习惯于逆思、逆解。逆解只有反向推理才能解决。所以在作业解题时，要把顺解、逆解看成同一问题的不同侧面，不断改变问题的角度，促使思维活跃。

例如，已知半径和圆心角的度数能运用公式求出扇形面积来。那么已知圆的面积和圆中扇形面积，求扇形的圆心角的度数是多少？这样就是一个逆向思维的训练。

创造性思维是一种打破传统的、求新的、立体的思维，它不是局限于某种单一的思维形式，而是多种思维的综合表现。

中学生在学习中多思考，把能联系起来的内容从不同的角度，采用不同的方法，把它们联系起来，使自己的思维多方面多角度去发散，以培养创造性的思维能力。

在生活中培养创造性思维

有些同学可能看过电影《谍中谍》，其中最惊险刺激的一幕，就是男主人公伊桑悬在绳索上操作地上的电脑的镜头。男主人公的任务是要解开一组电脑密码，此刻，一旦他的身体接触到地面，整个任务就失败了。整部电影的高潮也就在这儿，这个悬疑的情节叫人惊心动魄、无比紧张。因为放置电脑的房间安装了一种遥控锁，整个走廊也处于电视摄像的监控之下，要想硬闯进去根本就不可能。再说，即使是一名熟练的程序员，解开这样的密码通常也需要一天甚至几天的时间，而男主人公却必须在15分钟内完成任务。

面对如此恶劣的条件，你一定也会觉得这是一个根本无法完成的使命。然而我们的伊桑却想到了一个绝招：他通过绳索把自己从墙角的烟囱放下去进入房间，倒挂在细细的绳索上，在离地面一米高的悬空位置上破译电脑密码。结果，他成功了。

你看在我们的生活中处处可以带来创新的启发，伊桑完成了一个原本无从想象的使命，依靠的正是惊人的创造力，而他这个创新的想法，如果你多想多琢磨，就会给你带来启发。

我们要善于在生活中学习创造性的思维，同学们都很喜欢玩脑筋急转弯。比如：树上五只鸟，一枪打去，剩几只鸟？学生说打死了鸟爸爸，吓跑了鸟妈妈，三个鸟宝宝在窝内没动吓傻了。这就是从求源思维，到求异思维，到创造思维，非模仿性的回答。而且这还不是唯一的答案，你还能发挥你丰富的想象力想到更多更有趣的答案吗。

生活中还常常会有灵感的出现，这也是创造性思维方式的一种。

现在可能有一些同学在学习中在用的"告示贴"，是一个3M公司的工程师在创造别的东西时无意间发明的。他原来要的是一种强性的粘合剂，但做出来的却是一种弱性的粘合剂。与其把它抛掉，重新来做，不如重新界定要解决的问题，找出这个弱性胶最佳的用途。结果这个发明使得这家公司改写了粘合剂产业的历史，更不用说这发明对消费者的便利处以及替他们公司带来的巨大利润。

很多伟大的发现或发明是人们在本来不是要找它的情况下找到的，所谓"有心栽花花不开，无心插柳柳成阴"。所以要善于捕捉灵感。

也许你会说，别人天生就聪明，我根本想不到那么多。你错了，创新的意识和其他的能力一样，是通过勤于思考、善于发现而得到的。我们在生活中培养创新思维的还有无穷无尽的角度和方法。

随时捕捉你的创新想法

为了培养自己创造性思维的能力，也为了让创造性思维结出丰硕的成果，请你这样做：

（1）要随时把新的想法记下来。最好是准备一本笔记本，一枝铅笔，就像记者采访随身带一个录音笔那样，一想到认为自己以后可能用得着的新点子，就马上记下来，虽然不可能件件都用得上，但起码你拥有了许多"新想法矿石"。有了这么多的"矿石"，还愁提炼不出宝贝吗？当创新的想法翩翩来临时，你千万不要让它无缘无故地溜走了。

（2）建立一个思想库。准备一个地方专门收集与你的学习中的不同科目有关的思想记录。思想库可以是电脑里的文件夹，也可以是你的抽屉，然后你要不断地把你的想法存入你的思想库里。

（3）经常审视你曾有过的创新想法。不时地翻看你的记录本，将有价值的想法留下，并继续你的思考，直到深入到你没有更多的想法了。

（4）不断总结完善你的创新想法。对你的新想法要不断增加它的范围和深度，把相关的想法连接起来，从各种角度去分析、研究，说不定会从中提炼出一个惊人的、极具价值的大策划呢。

老猎人的创新灭火法

有一次，美洲草原上失了火，烈火借着风势，无情地吞噬着草原上的一切。那天刚巧有一群游客在草原上玩，一见烈火扑来，个个惊慌失措。幸好有一老猎人与他们同行，他一见情势危急，便喊道："为了使我们大家都得救，现在听我的。"老猎人要大家拔掉面前这片干草，清出一块空地来。这时大火越逼越近，情况十分危险，但老猎人胸有成竹，他让大家站到空地的一边，自己则站在靠近大火的一边，用被褥把自己那些容易着火的衣服盖起来，然后就领人们走到这块不大的空地的一边去。做了这些预防措施以后，老人就走到这块空地的另一边，那里大火已经像个高而危险的环墙，把旅客们包围了。他拿了一束非常干的草放在枪架上点起来，容易燃烧的干草立刻烧着了。老人把烧着的干草扔到高树丛里，然后走到圈子中央，耐心地等待着结果。

转眼间，在老猎人身边升起了一道火墙，这道火墙同时向三个方向蔓延开去。奇迹发生了，老猎人点燃的这道火墙并没有顺着风势烧过来，而是迎着那边的火烧过去，当两堆火终于碰到一块时，火势骤然减弱，然后渐渐熄灭。

游客们脱离险境后，纷纷向他请教以火灭火的道理。老猎人笑笑说："今天草原失火，风虽然向着这边刮来，但近火的地方，气流还是会向火焰那边吹去的。我放的这把火就是抓准机会，借这气流向那边扑去，这把火把附近的草木烧了，这样那边的火就再也烧不过来，于是我们得救了。"

以水灭火是常理，在没水的情况下以火灭火则是创新思维。老猎人的创新靠的不仅是勇气，还有丰富的草原知识。

创新要切实可行

玉村浩美是个刚工作一年的女孩子。和所有的年轻人一样，她年轻有活力，对生活和工作充满希望和热情。不幸的是，她所在的普拉斯文具公司，由于经营不景气，正处于破产的边缘，她也面临即将失业的困境。

日本的文具业和其他行业一样，竞争非常激烈，在质量上高人一等，价格上要低人一级，这几乎是不可能的，因为这两者很难兼顾。在竞争中，普拉斯文具公司明显地处于下风，库存大量积压，资金周转不灵。

玉村浩美的事业心很强，她也想尽了千方百计，为公司图生存求发展，她终于想到了以"文具组合"的形式来推销商品。所谓

"文具组合"，就是把直尺、卷尺、透明胶带、小刀、订书机、剪刀和糨糊七件小文具装在一个盒里，一同出售。她把自己的想法及时向董事会作了汇报。

公司董事会在讨论玉村浩美的计划时，意见很不统一，一部分人认为：本来分散的价格低廉的小文具经过组合出售后，就可能成批销出，一笔生意等于原先的七笔生意，销售额就会随之增加；另一部分人则认为，在生活中，顾客往往只需要或缺少一两样文具，何必多花钱去购买一套七件文具呢？

好在玉村浩美的计划实施起来并不困难，文具是现成的，只要稍经加工改造，再配上一只盒子，就成为"文具组合"了。所以董事会还是决定将"文具组合"推出去。

"文具组合"一经问世，竟成了热销商品。门市部顾客盈门，玉村浩美热情而忙碌地接待一批批求购者。

一个老年知识分子说："'文具组合'不仅使用方便，而且能使书房增添色彩，即使价格贵一点儿，也是值得的。"

一对中年夫妻居然各买了一个，他们说："单件小文具几乎毫无购买的必要，'文具组合'就成了值得保存的物品了，即使买两个也不算多。"

又来了一批学生，他们说："小刀、尺子、胶带之类的文具，随用随丢。与其说是用掉的，不如说是丢掉的。'文具组合'的七件文具，在盒子里各有其位，就能各司其用，再也不会发生随用随丢的现象了。"

董事们听了这些意见，归结到一点就是：原来分散的小文具仅仅有使用价值；而现在将文具组合起来，就不仅有了使用价值，而且还有了保存价值，于是顾客的购买心理也有了变化，从"想使用"变成了"想拥有"，这正是该产品受到欢迎的根本原因。

普拉斯公司从 1985 年开始销售"文具组合"，在短短的一年多时间里，就销售了 340 万个，公司摆脱了困境，飞速地发展起来。玉村浩美也因此成了公司里名噪一时的新闻人物。

将单个文具变成"组合文具"的确是一种大胆的创新，而这个创新挽救公司于危亡之际，正是因为变"使用价值"为"保存价值"，符合了顾客的心理。

我们在进行创新时，也要注意符合实际，保证切实可行。

创意就是财富

越战期间，美国好莱坞举行过一次募捐晚会，由于当时的反战情绪比较强烈，募捐晚会以 1 美元的收获而收场，创下好莱坞的一个吉尼斯世界纪录。不过，在这次晚会上，一个叫卡塞尔的小伙子却一举成名，他是索斯比拍卖行的拍卖师，那 1 美元是他用智慧募集到的。

当时，募捐的现场很冷淡，为了调动观众的情绪，他让大家在晚会上选一位最美丽的姑娘，然后他来拍卖这位姑娘的一个亲吻。最后他募到了难得的 1 美元，当好莱坞把这 1 美元寄往越南前线的时候，美国的各大报纸都对此进行了报道。

人们看到这一消息，无不惊叹于卡塞尔对战争的嘲讽，德国的某一猎头公司却敏锐地发现了这位天才，他们认为卡塞尔是棵摇钱树，谁能运用他的智慧，必将财源滚滚，于是建议日渐衰微的奥格斯堡啤酒厂以重金聘他为顾问。1972 年，卡塞尔移居德国，受聘于奥格斯堡啤酒厂。

他果然不负众望，在那里异想天开地开发了美容啤酒和浴用啤酒，从而使奥格斯堡啤酒厂一夜成为全世界销量最大的啤酒厂。他的名字也因此越来越响，政府也开始注意到他。

1990年，卡塞尔以德国政府顾问的身份主持拆除柏林墙，"这一次，他使柏林墙的每一块砖以收藏品的形式进入了世界上200多万个家庭和公司，开创了城墙砖售价的世界之最。

1998年，卡塞尔返回美国，他下飞机的时候，美国大西洋赌城——拉斯维加斯正上演一出拳击喜剧，泰森咬掉了霍利菲尔德的半块耳朵。出人意料的是，第二天欧洲和美国的许多超市出现了"霍氏耳朵"巧克力，其生产厂家是卡塞尔所属的特尔尼公司。这一次，卡塞尔虽因霍利菲尔德的起诉输掉了盈利额的80%，然而他天才的商业洞察力却给他赢来了年薪3000万元的身价。

新世纪到来的那一天，他应休斯敦大学校长曼海姆的邀请，回母校做创业方面的演讲。在这次演讲会上，一个学生当众向他提了这么一个问题："卡塞尔先生，您能在我单腿站立的时间里，把您创业的精麓告诉我吗？"那位学生正准备抬起一只脚，卡塞尔就答复完毕："生意场上，无论买卖大小，出卖的都是智慧。"

这次他赢得的不仅是掌声，还有一个荣誉博士的头衔。

在知识经济时代，智慧就是金钱，创意就是财富。卡塞尔立足于现实，使自己创意的点子不断。

不去创新便不会进步

美国一所大学，举行物理考试，一名学生被评定为零分，他心有不甘，提出抗议。

校方也很开明，请了一名教授重新出题考试。考题是这样的：试说明如何利用气压计测出一栋大楼的高度。

学生的答案是："将气压计携至大楼顶端，系上长绳，再将气压计垂直放到地上，测量绳子长度，此即为大楼之高度。"

看完之后，教授觉得答案完整，应得满分。不过，他认为学生未能充分利用物理学原理，于是要求再答。

学生欣然答应，很快就给出了另一个答案——将气压计拿到大楼顶端，抛下气压计，记住它落地所用的时间，再利用公式，

$1s = \frac{1}{2}at^2$ 即可算出大楼的高度。

这个学生又得了满分，教授看过答案，一阵苦笑，决定投降。

教授好奇地问："还有其他答案吗？"

学生说："还有许多方法，例如，你可以将气压计拿到室外，量出气压计及其影子的长度，再量出建筑物影子的长度，利用简单的比例关系，即可计算出高度。"

听完后，教授说："很好，还有吗？"

学生继续说："只要沿着阶梯而上，以气压计的长度为单位，在墙壁画下记号，计算一下记号的数目，即可得出大楼的高度。"

最后，他还说："你可以去敲管理员的门，对他说'我这儿有一个很棒的气压计，如果你告诉我大楼的高度，我就把它送给你'。"

这时候，教授忍不住问："你真的不知道问题的正确答案吗？"

学生说："从小到大，我厌倦了老师不断教导我们如何使用'科学方法'，而不是教导我们去思考，因此，我才开了个玩笑，表示我的抗议。"

科学方法固然是解决问题的好方法，但倘若只停留在现有的方法上不去思考，不去创新，我们便不会进步。

不要单纯的模仿

现在有很多游戏是益智的，这样的游戏不仅可以减轻压力，还可以锻炼思维。

在一次企业管理的培训班上，大家在做一个游戏。十几个学员平均分为两队，要把放在地上的两串钥匙捡起来，从队首传到队尾。

规则是必须按照顺序，并使钥匙接触到每个人的手。比赛开始并计时。两队的第一反应都是按老师做过的示范：捡起一串，传递完毕，再传另一串。结果都用了15秒左右。

老师说："动动脑筋，时间还可以再减半。"

一个队先"开悟"了，把两串钥匙拴在一起同时传，同时加快了传递的速度，这次只用了5秒钟。

老师说："时间还可以再减半，你们还有潜力可挖！"

怎么可能？学员们很不自信。这时场外没参加游戏的人急忙提醒道："只是要求按顺序从手上经过，不一定非得传递呀！"

一个队明白了，完全抛开了传递方式，开始飞快地把手扣成圆桶状，摞在一起，形成一个通道，让钥匙像自由落体一样从上落下，既按顺序通过，同时也接触了每个人的手。时间是0.5秒，随即欢呼声起。

单纯模仿会造成思维定式，使思路停滞不前，提高效率就要寻找新方法，获得成功更需创新精神。

出奇制胜　脱颖而出

在当今社会，要想进入一个实力强大的公司，除非你有非凡的、不同常人的才能。我有一个朋友，现在是国际4A公司的创意副总监。说到她的求职经历，直到今天依旧犹如传奇一般。

当时她27岁，想应聘广告员，但她在广告这个行业的经验等于零。可她对那些小广告公司不感兴趣，当她说要进国际排行50强的4A公司时，所有的朋友都认为那是痴人说梦，劝她实际一点，最好先找个小公司锻炼一下，等积累了丰富的经验，再去大公司也不迟。她不肯，执意按照自己的意思办。大家都觉得她不自量力，等着她失败后来诉苦。

但是她做到了！

她没有用普通的信封投递求职信，而是用一只包裹。她向所有她中意的公司全部投递了这样一只巨大的包裹，并且直接寄给公司总经理。

试想一下，一只包裹，在一堆千篇一律的信封中已经是鹤立鸡群，一下就抓住了人们好奇的视线。打开那只包裹后，里面空空如也，只有一张薄薄的纸尿片，上面写了一句话："在这个行业里，我只是个婴儿。"背面写了她的联系方式。

几乎所有收到这张纸尿片的广告公司老总都在第一时间内给她打了邀请面试的电话。无一例外，他们问她的第一个问题就是："为什么你的求职信要选择一张纸尿片？"她的回答同样富有创意。她说："我知道我不符合要求，因为我没有任何经验。但我就像这纸尿片一样，愿意学习，吸收性能特别强。并且，没有经验并不等于我是白纸一张，我希望你们能通过这个细节看到我在创意上的能力。"

她成功了。

创意是金，创新精神能让我们在人群中脱颖而出。要想抓住别人的好奇心，就要出奇制胜，一幅画、一首歌、一篇文章、一段广告词都应该做到这一点。保持常变常新的头脑，用创意来刷新我们的人生。

第八章　提升记忆力　赢在起跑线

有人曾说："记忆是智慧之母。"其实在 IQ 的发展过程中，记忆力是非常重要的。记忆力往往体现了一个人的 IQ 水平。所以现在外面有很多的课程是教你如何提高记忆力。一个过目不忘的人，其所花费的时间是很有效的，效率远胜于记忆力差的人。提高记忆力是很重要的，从小抓起很有必要。

无意识的记忆

睡觉也能学英语，不是在做梦吧？这是真的，是我们每个人都能做到的。

一位妈妈有一回听到女儿叹息道："现在我们还得学习英语。这么多的单词可怎么学呀？"

"你学英语了？"妈妈问道，"把你的英语书给我用一天，我也想学英语。"

妈妈把女儿正在学习的那一课的单词录到了录音带上。

晚上，她在女儿入睡后，小声地放了几遍录了英语单词的录音带。

这时，女儿听到了，她对妈妈说："妈妈，怎么你也学英语了？"

说完，女儿翻了个身又继续睡觉了。妈妈没有说话，接着播放那些单词，慢慢地，女儿进入了梦乡。

第二天，女儿发现在教师讲解这些单词时，她只要有意识地听一遍这些单词就能够立刻而且持久地记住它们了。

在不知不觉中，我们的脑子会记住一些好像耳朵并没有听到的东西，有时无意识的记忆会记得更牢。

在记单词方面，这不失为一个好方法。

找出事物的联系和规律有助于记忆

德国大数学家高斯的故事我们一定都听说过。

他在三岁的时候就表现出了非凡的计算才能。他在小学念书时，数学老师叫布特纳，是当地小有名气的"数学家"。

这位来自城市的数学老师总认为乡下的孩子都很笨，感到自己的才华无法施展，因此经常很郁闷。有一次，布特纳在上课时心情非常不好，就在黑板上写了一道题目：

$1 + 2 + 3 + \cdots\cdots + 100 = ?$

"哇！这么多个数相加，要算多少时间呀？"学生们有点无从下手。

正当全班学生紧张地挨个数相加时，高斯已经得出结果是5050。同学们都很惊奇。

布特纳看了一下高斯的答案，感到非常惊讶，他问高斯："你是怎么算的？怎么算得这样快？"

高斯说："1＋100＝101、2＋99＝101、3＋98＝101……然后50＋51＝101，总共有50个101，所以101×50＝5050。"

原来，高斯并不是像其他孩子一样一个数一个数地相加。而是通过细心的观察，找到了算式的规律。

经过归纳整理的信息好像是成串的葡萄，需要的时候一提就是一大串，而没有经过加工的信息就好像是一颗一颗的葡萄，需要的时候只能是一颗一颗地拿，往往会因拿不住而掉下来。

据说爱因斯坦的一位朋友告诉他电话号码改为79507，爱因斯坦并没用笔记，但立即说记住了，朋友很惊讶。爱因斯坦说这个数字很好记，79507就是两打（12×2）＋19的立方。原来爱因斯坦发现这五位数的电话号码是由有意义的数字所组成的，因此一下子就记住了。

一般来说，事物之间总有一些规律存在，找出事物之间的联系和规律就比较容易记住。尤其是对英语单词的记忆效果的提高是很重要的。

满怀兴趣的去记东西

有位教师为了让学生明白"笑嘻嘻"和"笑哈哈"的不同，故意在讲课时露出笑嘻嘻的表情，然后问学生："你们学生很努力，老师很高兴，你们看老师的表情是怎样的？"

学生们都觉得很好玩，就说："老师笑嘻嘻的。"说这些时，学生们也都把嘴咧开，笑嘻嘻的。

老师看到学生们高兴的样子，哈哈笑了起来："老师说你们学习努力，你们很高兴吧？"

学生们回答："是的。"

老师又问："那老师刚才的表情是怎样的？"

学生们说："笑哈哈的，老师都高兴得笑出了声。"

"是的，老师真的很高兴有你们这样努力学习的学生。"老师接着问，"那么笑嘻嘻和笑哈哈有什么区别呢？"

一位学生回答："笑嘻嘻是咧着嘴笑，主要是表现在脸上，并不发出笑声；而笑哈哈就是高兴得笑出声来。"

老师高兴地说："对了，笑有很多种，每种都表达不同的意思，不同的人要用不同的词语来修饰。"同学们果然很快学会了描写人物的不同的笑。以此类推，这位老师无论讲什么，都从学生的兴趣入手，即使很枯燥的东西学生也能很快接受了。

后来，学生们在写作方面明显有了进步，尤其是在遗词造句方面，个个都是能手，记起别的东西来也特别快。学生们都说是老师的功劳，是老师激发了他们的兴趣。

对于我们感兴趣的东西，我们会努力去记，并且很快就能够记住。如果我们对很多东西满怀兴趣地去背诵，会比机械记忆的效果要好很多。

不要死记硬背

小旺正在上小学的弟弟在背诵九九乘法表：

"一一得一，一二得二……一九得九，二九十九……"

"哈哈，"听到这里，小旺不禁笑了起来，"你背错了。"

"错了？"弟弟嘟囔了一句，又重新开始，可是又背错了。看着弟弟着急的样子，小旺说："我来教你一个好办法吧，我们来用计算器。"弟弟诧异地问："计算器，在哪儿呢？"小旺笑笑："你的手就是一架最简单的计算器啊！"

手怎么能代替计算器呢？你会吗？看，小旺在教弟弟呢。

小旺请弟弟将两手伸出来，十个手指，从左到右为1、2、3、4……10。如果要算某个位数乘9，只要弯曲起相应的手指，此手指左面的手指数目就是积的十位数，右面的手指数目为个位数。

例如7×9，弯起第7个手指，此时它左面的6个手指代表60，右面的3个手指代表3，所以7×9的积就是63。

弟弟试了试，真好，很快就把9的口诀记牢了，朋友们，你也试试吧！

在学习上，有许多东西都不一定要死记硬背，只要我们善于琢磨、摸索方法，就会针对不同的东西找出不同的记忆方法，提高学习效率。

记忆需要专心

宋朝有个陈正之很喜欢看书，他有一个突出的特点，就是看书的速度特别快。每次他一看到一本书，就拿起来读，不用很长时间就看完了。别人都很羡慕他，以为他读了很多书。

虽然陈正之读了很多书，花费了很多时间和精力，但当人家问到书中的内容时，他往往答不上来，好像读的书一点都没有印象。于是他非常苦恼，总想找到一个过目不忘的好方法。

有一天，他遇到了当时著名的学者朱熹，就向朱熹请教，当朱熹听了他介绍自己读书的过程后，对他说："读书不要只图快，要用脑子想，用心记！"

陈正之接受了朱熹的劝告，每读完一段，就想想这段文字讲了什么，有什么要点，并留心把重要的内容记住。后来，陈正之终于成了一个有学识的人。

学习的时候有目的，记忆的时候要用心，专心致志，反复记忆，记忆效果就比较好。如果漫不经心，自然就记不住了。

潜意识记忆法

有一位医生，为了通过医士的考试，必须要掌握大约80种传染病，要能详细地描述这些传染病的病症，还要在诊断上区分这些病症，这些都是容不得半点马虎的。

参加考试的人即使不用一年的时间，也需要用几个月的时间来记住它们。

这位医生花了大量的时间来记这些内容，他把它们进行分类整理，然后又做成小纸条，但是，他发现这种记忆方法实在太慢太不保险了。

一天，他忽然想到一个好主意："我把这些传染病的描述浓缩到很短，把它们录在一个录音带上。然后把这个录音带播放一个礼拜。"

他想到就做，录制了一个长 68 分钟的录音带。录完后，不论白天还是晚上，无论是吃饭还是刷牙，他一再地重复播放录音带。结果，他很轻松地通过了考试，而且能够全都回忆起所有的传染病信息。

借助录音机让它在我们耳边不停地播放，即使我们在做别的事，我们的潜意识也在"收听"，记单词、背课文都可以用这种方法。

拆字记忆法

记得我是在念小学二年级时开始学写"吃"字的，当时不知怎么鬼使神差，毫不犹豫地就把它写成"口气"了。教我们语文的是一个 50 多岁的瘦老头，态度极温和，即使再恼人的事也不见他发过火，所以我们都不怕他。他很快便发现了我的错误，并及时进行了纠正。但纠正不力，未能触及灵魂，于是我便一如既"错"起来。一天放学，他留下我，用他尖尖的嗓音问我怎么总要把"吃"写成"口气"，我很害怕，用低低的声音回答说我不知道。我的心仿佛都要跳出来了。

他显得很焦急，来回踱着步，突然他停住脚，眼珠放异彩，用急促的声音说："如果你现在回家，一揭开锅盖，发现里面有半锅白白的大米饭，注意，不是南瓜糊米粉，不是清水米汤粥，也没有掺萝卜菜，而全部是白白的，一粒一粒的，冒着热气的大米饭，你高兴吗？"听他这么一说，再受到他那经过夸张的面部表情的感染，我的口水都禁不住流了出来。在那个年代，到哪里去找白花花的米饭啊！我连忙点头说："高兴！""想吃吗？""想吃！""你还生气吗？""不生气！"

"这就对了——"他如释重负，拉长声音说："这就是说，吃是不会生气的。所以你以后再也不要把'吃'写成'口气'了！"有了关于"大米饭"的形象记忆，我以后再也没有把"吃"字写错。

一个难记忆的字通过拆开、分析便不会再忘，我们的许多汉字都有深刻的韵味，只要去想，每个字记起来都会很容易。

马克思的记忆窍门

大多同学都羡慕名人超凡的记忆力，其实这些人的好记忆力并非天生的，而是日积月累的方法和技巧。下面就让我们一起学习名人的记忆秘诀吧！

马克思就具有非凡的记忆力，即使在谈话时，也可随时指出书中的有关引文或数字。马克思超群的记忆力是怎么来的呢？秘诀只有三个字：博、记、读。

博

就是博览群书。由于马克思一生博览了各国的历史、哲学、政治经济学和文学等书籍，学识渊博，因此，对书中的理论问题领会快，理解深，记得牢。

记

马克思用各种各样的方法培养自己的记忆力。有时一个片段要看上好几遍，并在疑难地方用铅笔做出记号，重点记忆。当发现作者有错误的地方，就打上个问号或惊叹号。发现重要段落和语句，就用横线标出来或将它摘录下来。

读

马克思在青少年时代，就对语言特别感兴趣，他用外国语背诵海涅、歌德、但丁和莎士比亚等名人的诗歌作品，借以锻炼自己的记忆力。每隔一段时间，他就重读一次他的笔记本和书中的摘句，用来巩固记忆。

马克思的这"三字"记忆秘诀，很值得同学们学习。

记忆大师的忠告

现年46岁的英国人多米尼克·奥布雷恩曾8次获得世界"记忆大师"的称号。

在接受一家德国杂志采访时，他向人们介绍了记忆的技巧以及训练记忆力的方法。

他说："对于记忆来讲，离不开想像力、联想以及地点的帮助。例如要回忆一天的活动，首先是要回忆这一天都到过什么地方。"

在记忆比赛中有一项内容是要求选手在短时间内记下200个词的顺序。对此，可以采用"地点记忆法"，即设想出一条路线，每个词代表路线上的一站。

例如，要记住布丁、炸玉米片、牛奶这几个词，第一站就是餐厅的桌子，在那里吃布丁；第二站是地板，上面撒满玉米片，第三站是通向下一个房间的房门，牛奶从头顶倾倒下来。日常生活中去商场购物，也可以采用这种记忆方法。

有时，他通过回忆在非洲的旅行来锻炼记忆力。闭上双眼，想象着自己又回到那曾经到过的地方，耳边甚至还会又响起那时的声声犬吠。

奥布雷恩还介绍了用联想法来学习外语的技巧。例如，要学习德文的"雨（Regen）"，他首先想到的是 Ronald Reagan（罗纳德·里根），于是在英文单词和德文的发音之间建立起一种联想关系。

对于记忆力的训练，"没有太早和太晚"之说，"在我 45 岁的时候，大脑仍然在越变越好。"

奥布雷恩的训练方法对脑中风和老年健忘症也有治疗作用。通过训练可以在大脑损伤部位的附近激活新的神经连接，绕过出现问题的部位。因为通常只有 5% 的大脑潜能被利用，所以大脑仍有潜力。通过训练，一些脑中风患者又重新获得了语言能力。记忆训练还可以延缓老年痴呆症的发病。其他可以训练大脑的办法有打牌、下棋和拼字游戏。

"我 84 岁的老妈妈非常热衷于拼字游戏。"

"整天看电视才是最可怕的事情。"

当然，记忆大师也有找不到车钥匙的时候，"但这对我来说太简单了。我只需把我的'精神录像带'倒回去。我会回想一下回家时的情景。我当时口渴得很，所以去了厨房。因此，钥匙在厨房的可能性极大。"

那么，现代人的记忆力是否优于古代人呢？大师认为："古希腊的文化和知识是靠心口相传流传下来的，这就需要训练有素的记忆力。苏格拉底、柏拉图和亚里士多德很可能也是借助地点和画面来记住他们的演讲词。"

"如今信息如快餐般向我们涌来。为了避免肥胖、迟钝，我们必须进行训练。需要训练的不仅仅是肉体，精神同样需要训练。"

第九章　积极行动才能比别人更快一步

　　积极主动的人都是率先抓住机会不断做事的人，而被动的人都是不喜欢做事的人，永远都要走在前面，是一种积极的人生态度，可以激发你一往无前争做第一的勇气！现在就干，马上行动，该出手时就出手。抢先一步，心动，更要行动。敢踏出平常人不敢踏出的那一步。果断行动，是做事成功的大智慧。

付诸行动才会有成功

　　事在人为的道理大家都知道，但真的一旦要付诸行动，人们仍然不免犹豫不决，瞻前顾后。

　　人们之所以害怕付诸行动，其中的原因可能有三个：

　　（1）由于心态的原因，一行动就想到消极的一面，想到失败。这种恐惧心理摧毁我们的自信，关闭我们的潜能，束缚我们的手脚，使我们遇事不敢轻举妄动。

　　（2）人对发生改变多多少少会有一种莫名的紧张和不安，即使是代表进步的改变亦然。这就是害怕冒风险。行动就意味着风险，因而就出现了左顾右盼，犹豫不决，拖延观望等。特别是当形势严峻时，人们习惯的做法就是保全自己，不是考虑怎样发挥自己的潜力，而是把注意力集中在怎样才能减少自己的损失上。

（3）怕行动，不愿付出。有一种理论说，人有自私的天性，原因是出予自我保护的本能，付出就意味着"失去"，而行动就意味着要付出。

行动与其说是能力，还不如说是一种勇气。行动的障碍只有毅力和勇气才能解决。

在四川的偏远地区有两个和尚，其中一个贫穷，一个富裕。有一天，穷和尚对富和尚说"我想到南海去，您看怎么样?"

富和尚说："你凭借什么去呢?"

穷和尚说："一个水瓶、一个饭钵就足够了。"

富和尚说："我多年来就想租条船沿着长江而下，现在还没有做到呢，你凭什么去?!"

第二年，穷和尚从南海归来，把到南海的事告诉富和尚，富和尚深感惭愧。

穷和尚与富和尚的故事说明一个简单的道理：说一尺不如行一寸。

现实是此岸，理想是彼岸，中间隔着湍急的河流，行动则是架在河上的桥梁。只有行动才会出现结果，行动创造了成功。任何一个伟大的计划和目标，都要靠行动来实现。

假如你想要自己喜欢做某事，那你就去找爱做这件事的人，和他来往接触，就会有所进步。喜欢某事的人一般也擅长此事，和他们来往后，你自然地也会喜欢于某事。例如："我最讨厌某件事，可是又必须学会才行，因为我要依靠它生存!"这时，你就去找擅长于此事的人，由于他的言行影响，你也会喜欢上这件事。其实，"不喜欢"或"讨厌"的感情，不是先天的、绝对的，大都是因为缺乏亲密感而产生的。就像我们进入黑暗时就会感到恐惧不安，但过了一会儿，当眼睛习惯了黑暗的状态了解了周围的状况后，不安的心情就会减少一样。当你决定了追求的方向，用实际行动去接近它，那么也许就会觉得，曾经不大感兴趣的事也变得可爱了。

拿破仑说："想得好是聪明，计划得好更聪明，做和好是最聪明又最好。"成功开始于思考，成功要有明确的目标，这都没有错，但这只相当于给你的赛车加满了油，弄清了前进的方向和线路，要抵达目的地，还得把车开动起来，并保持足够的动力。

有一个雅典人没有口才，可是非常勇敢。有一天开大会，许多人做了精彩的长篇演说，许诺说要办许多大事。轮到这个人发言，他站起来，憋了半天只说出一句话："大家说的事情，我都要做。"

成功并不依靠你知道多少，而是依靠你做了多少，所有的知识、计划、心态都要付诸行动。不管你现在决定做什么事情，设定了多少目标，你一定要马上行动。

在别人没"睡醒"前就行动

总是步别人后尘的人是成不了大器的。那样的话，成功永远属于别人，自己得到的只是残羹冷炙。聪明的人不随大流，目光独到，在别人还没"睡醒"之前就已经行动了。

在某一领域的"领袖"，几乎都是起步比较早的人，他们不一定比别人做得好，但是，因为起步早，他们有更多的机会调整错误。

早起的鸟儿有虫吃。卓越的成功者在做每一件事时都会比别人早一步，都会比别人更迅速地掌握未来的动态、资讯和走向。"奥迪风波"也许可以为这一观点的注解。

1986 年，中国第一汽车制造厂决定向美国克莱斯勒公司提出合作意向，该公司没有做任何背景调查，便武断地认为中方的合作对象非他莫属，于是在谈判中提出了苛刻的条件致使谈判不得不中断。此时西德大众汽车公司董事长哈恩博士正在中国访问，得知这一消息后，便坦诚地表示愿与中国一汽合作。克莱斯勒公司董事长李·亚科卡听到这个消息后，赶忙向中方表示只要一汽与他们合作，他们只象征性地收取一些技术转让费，可惜为时已晚，一汽已与德国大众签订合约，开始生产备受中国消费者青睐的"奥迪"汽车了。试想，假如当初亚科卡对形势估计得当，并当机立断，那么现在在中国大街上跑的就是克莱斯勒轿车而非"奥迪"了。

成功者都非常积极活跃，他们心目中也许并没有很明确的目标，但是他们感觉敏锐，变动得非常快，以行动作为自己的方向，尝试新的途径，接受新的信息，能先于别人下手，所以，经过一番奔波忙碌之后，必然能取得某些有价值的成就。

项羽也说："先发制人，后发制于人。"要想创大业建大功，就要处心积虑抢占先机而不落于众人之后，就要使人追随自己而不是去追随人。用兵作战要使自己先发制人，必须掌握作战的先声、先手、先机、先天。先声，即在声势上首先压倒敌人；先手，就是交战时抢先下手；先机，即把握作战的先行良机；先天，不用争夺而制止了争夺，不用争战而制止了战争，胸中早有了不战而屈人之兵的韬略。先发制人最重要，而在先发制人的各种手段中，又以先天最为重要。

先人一手，先人一着，而不停留在这一手、这一着上，即使他人奋起直追，而你又大步向前，始终与其保持着原来的距离，你将永远领先。

你要比别人更努力

如果你问世界豪富保罗·盖蒂成功是什么，他会告诉你：比别人更努力。

如果你问沃尔玛百货公司的董事长萨姆·沃尔顿成功是什么，他会告诉你：比别人更努力。

如果你问微软公司总裁比尔·盖茨成功是什么，他会告诉你：比别人更努力，然后找一群努力的人一起来工作。

如果你闷每个成功的人士成功是什么，他们都会告诉你：比别人更努力。

努力是成功的捷径，而且是成功必须付出的代价。

每一个成功者都是非常努力的，成功者有成功的方法，可是成功者一定是努力的。如果有人对你说，努力的人不一定会成功，这是错的，如果他没有努力到可以找到成功的方法，事实上他还是不够努力。

一个伟大的艺术家要成就一件传世之作，不知道要吃多少苦头，不知道要经历多少年的磨炼；一个作家要成就一部优秀的作品，不经过一番痛苦的思考是写不出来的；一支部队要赢得一场战役的胜利，就必须做出巨大的牺牲。这些画家、作家和战土，都是用艰苦的努力和辛勤的汗水铸就了荣誉的桂冠。

有一位老教授说起过他的经历："在我多年来的教学实践中，发现有许多在校时的资质平凡的学生，他们的成绩大多在中等或中等偏下，没有特殊的天分，拥有的只是安分守己的诚实性格。这些孩子走上社会参加工作，不爱出风头，默默地奉献。他们平凡无奇，毕业分手后，老师同学都不太记得他们的名字和长相。但毕业后几年或十几年中，他们却带着成功的事业回来看老师，而那些原本看来有美好前程的孩子，却一事无成。这是怎么回事?"

老教授常与同事们一起琢磨，最后得出一个结论，他认为：成功与在校成绩并没有什么必然的联系，但和踏实的性格密切相关。平凡的人比较务实，比较能自律，比别人更努力所以许多机会落在这种人身上。平凡的人如果加上勤能补拙的特质，成功之门必向他大方地敞开。

一个人如果能脚踏实地，并能不断学习，并积极为一技之长下工夫，那么成功就会变得容易起来。

一个肯不断扩充自己能力的人，总有一颗热忱的心，他们肯干肯学，多方面向人求教，他们出头较晚，却在各种不同职位增长见识，扩充能力，学到许多不同的知识。

有这样一位年轻人，他总是被公司当作替补员上，哪儿缺人手就被调到哪儿，自己的能力无法正常发挥。

这位先生沮丧地向他的同学，现在已是一家公司的公关部经理诉苦道："这样值得继续干下去吗? 我觉得自己的专长无法发挥出来。"

昔日同学很认真地告诉他："你经常被调到不同岗位磨炼，是挺辛苦的，但只要你努力肯学，应该也能胜任，否则你的公司不会做这样的调度。现在，你在工作中的表现第一是努力，第二是努力，第三还是努力，那么过不了多久，公司员工之中磨炼最多的是你，能为公司贡献才智的也是你，你应该有这种认识。"

最后，同学又口授给他一条成功秘诀：肯干就是成功，患得患失，拈轻怕重，就失去成长的机会。受苦是成功与快乐的必经历程。

这个年轻人干下去了，他干得很起劲，两年后，他终于成为公司里最耀眼的一颗星，终于在老板的心中亮了起来。

人才是磨炼出来的，人的生命具有无限的韧性和耐力，只要你始终如一、脚踏实地傲下去，无论在怎样的处境，都不放松，不自暴自弃，你便可以刨造出令自己和他人都震惊的成就。

"跬步不休，跛鳖千里"，跛脚的鳖也能走到千里之外，因为它总是不懈地向前走；"佛许众生愿，心坚石也穿"，心态坚决可以穿透顽石，足见心力的神奇。

成功的人永远比一般人做得更多，当一般人放弃的时候，他们总是在寻找自我改进的方法，他们总是希望更有活力，产生更大的行动力。有的人每天吃过量的饭，睡过头的觉，不做运动，不学习，不成长，每天在抱怨一些负面的事情，又哪儿来的行动力？

记住，成功永远不在于一个人知道了多少，而在于采取了什么行动。

勇敢迈出第一步

几年前4月的一个晚上，美国成功学大师克里曼·斯通在墨西哥城访问弗兰克和克劳迪娅夫妇。

克劳迪娅谈到："我盼望我们在加丁区能够有一所房子。"（加丁区是这个美丽的城市中最令人向往的地方）

斯通问："你们为什么还没有呢？"

弗兰克哭了，答道："我们没有这笔钱。"

斯通说："如果你知道你想要什么，穷有什么关系呢？"

弗兰克没有回答。

斯通又提出一个问题："顺便问一下，你是否读过一本激励人的励志书，例如《思考致富》、《积极思考的力量》、《你的内在力量》、《信心的魔力》等？"他们回答："没有。"于是斯通就告诉他们一些人的经历：这些人知道他们想要什么，读了一些励志书，听从书中的意见，然后就行动。迈出第一步后，他们继续坚持努力，最终获得了他们所追求的东西。

斯通还告诉弗兰克夫妇几年前他自己的情况：用首次付款为1500美元的分期付款，购买了一所价值120万美元的新房予以及如何按期付清了房款。

斯通送给了他们一本他所推荐的书。

弗兰克和克劳迪娅下定了决心。

当年12月的一天，当斯通正在家中休息时，接到了克劳迪娅打来的电话。她说："我们刚从墨西哥城来到美国，弗兰克和我所要做的第一件事就是感谢你。"

斯通感到诧异："感谢我，为什么？"

"我们感谢你，因为我们在加丁区买了一所新房子。"

几天后在请斯通吃饭时，克劳迪娅解释说："在一个星期六的傍晚，弗兰克和我正在家里休息，有几位从美国来的朋友打电话来，要我们用汽车把他们送到加丁区去。恰好那个时候我们都相当疲乏了，弗兰克正准备拒绝时，书上的一句话闪现于他心中：'迈出第一步'。于是我们用汽车把朋友们送到了那里，当我们用汽车送他们经过这人造的天堂时，我们看见了自己梦寐以求的房子——甚至还有我们所渴望的游泳池。我们买了它。"

弗兰克说："你可能很想知道虽然这个房产的价值超过 50 万比索，而我们的存款只有 5 千比索，但我们住在加丁区新居的费用比住在旧居的费用还要少些的原因。"

"这是为什么呢？"

"因为我们买了两套房间，它们在财产上相当于一所房子。我们将其中的一套租了出去，那套房间的租金足以偿付整个房产的分期付款。"

目标确定以后，你就可以按部就班地一步步走下去了。但最重要的是迈出第一步。

怠惰会扼杀你的行动

一心想着享乐，又为享乐找借口，这就是怠惰。人类不光是为自己活着的，他们有活着的责任。既然要担负责任，就不能只顾着自己的享乐，就不能有怠惰的心理。怠惰的人，往往是什么事都干不成的人。做什么事情，都要有心，都要付出劳动，天底下没有不劳而获那种便宜事。

怠惰能让人有片刻的享受，能让人摆脱劳动的痛苦。但是须知，怠惰带来了片刻欢乐，换来的却是长久的痛苦。为了一时的享乐而不能获得劳动的收获，这是很糟糕的。怠惰换来的享乐是暂时的，是昙花一现的东西，只有经过顽强的拼搏得来的收获，才能给你恒久的欢乐。就一个人的身体来说，我们知道，生命在于运动。就是说，人的身体本身也要求人不断地活动、不断地运动、不断地劳动。

要是没有不断地活动、不断地运动、不断地劳动，那么，即使你的心理吃得消，你的身体也会吃不消的。怠惰的人，终日泡在享乐场所，或者干脆睡大觉，长此以往，人会发胖，会四体不勤，一些病如高血脂、脑血栓等，都会侵袭你。

那么，该怎么克服怠惰的习惯呢？

（1）要成功，就得勤奋工作，就得积极行动。

须知，机会来自积极的努力，它从不自动上门。有些人以为只要想想机会就会降1瞄，说什么"只有想不到，没有做不到"。这其实是误区，是要不得的，其结果是很糟糕的。

要取得事业或学业的成功，你得知道，一个成功者，每天必须做些什么。如果你去了解那些成功的人，那么，他们会告诉你，成功来自于坚持不懈的努力工作。

成功的人，比起一般的人来，一定更能吃苦、更努力、更勤奋，而且，他们也做得比别人多。

如果他是一位成功的科学家，那么，在取得成功的过程中，他一定付出了艰苦的劳动，他一定经过了无数次的失败。没有一个成功的人例外，没有一个成功的人是不付出艰辛劳动的。

面对他们，如果你每天无所事事，怠惰不思进取，那么，你一定会惭愧不已，无颜见人。

怠惰的人会想：现在这样做，有什么意义？又看不到成功。他不知道，成功就是由这些"看不到成功"的要素构成的。

（2）要成功，就要时时抓住现在，而不是寄希望于将来。

有的人，每做一件事厌烦的时候，就想着"明天再做"；而到了明天，他又想着"明天再做"。

其实，明天复明天，明天何其多？明天之后是明天，明天明天何时了？

寄希望于明天，那么，明天永远在希望之中。

寄希望于明天，那么，明天的希望就永远不会实现。

做什么事情，一定要立即去做，不要拖延，不要把应该立即完成的事情拖到以后。

其实，拖延正是怠惰的典型表现。

要立即行动，不要拖延。

（3）要记住，成功不是一蹴而就的，成功靠积累，靠循序渐进。

别小看一个小小的行动，一次小小的进展，它关系着以后的大成功，它是以后的大成功的一个必要步骤。

从现在起，努力克服怠惰这个不良习惯吧！

第十章　自制力让你的人生走的更稳

　　所谓自制力，就是一个人控制自己思想感情和举止行为的能力。人区别于动物的根本点之一，就在于人可以按照一定的目的，理智地控制自己的感情和行动，自制力是一个人是否坚强的重要判断标准。美好的人生都是建立在自我控制的基础上，自制力是一个人取得几乎各种成功的通用技能，自制力就是尽管你不想做某些事情，但还是尽力去做，这样你就能做成你想做的事。如果任凭感情支配自己的行动，那便使自己成为了感情的奴隶，是缺乏自制力的表现。人应该有让理智战胜感情，控制自己命运的能力。在理智与情感的交锋中，自制力能够帮助您的理智取得胜利。理智的胜利，是人性的胜利，这种胜利对自己，对他人，对社会都是有益的。

自制力影响你一生的成功

　　青少年所处的这个中学阶段，是一个自我意志力逐步发展并完善的阶段。可是这一阶段的你们的活动能力、活动范围都在快速地拓展，好奇心也很强，对于好看、好玩、好听的东西特别感兴趣，从某种意义上说这是好事，但有时也面临着挑战。有些同学可能就会出现自制力不够的问题，比如说，很多同学都爱看动画片、武打片等等。虽然我们可以从中获取知识、培养丰富的想象力和思维的创造能力，但如果自我控制和约束能力不强，长期沉迷于电视片甚至分不清虚幻和现实，就会影响正常的生活乃至荒废了学业。

我听过很多同学说，其实我也不想这样，但就是不能控制自己想去玩、想看电视的欲望。这多半是一种给自己找借口的说法。对于同学们来说，自我约束、自我克制不是不可能的。

20世纪60年代由美国心理学家瓦特·米舍尔作过一个"糖果实验"，实验对象是一所大学附设幼儿园的孩子。

瓦特·米舍尔让一群4岁的小朋友们呆在一间屋子里，并给每人一颗非常好吃的软糖。告诉小朋友们可以吃糖了，但如果马上吃，只能吃一颗；如果等20分钟，等大人们回来，则能吃两颗。然后大人们离开了屋子，有些小朋友急不可待，马上把糖吃掉了。另一些小朋友却能等待对他们来说是漫长的20分钟，这些小朋友用尽了各种方法使自己耐住性子，有的闭上眼睛不看诱人的糖果，有的将头埋入手臂中，自言自语、唱歌，玩弄自己的手脚，甚至努力让自己睡着。但有些小朋友就比较冲动，大人们才走开几秒钟便伸手拿走糖果。那些勇敢的孩子们终于得到了两颗糖。

14年后，米舍尔对这些孩子进行跟踪调查，后来发现，那些抵制住诱惑没有吃糖的孩子都有着积极的生活态度，他们不急于求成，有较佳的社会适应能力；更具自信心，人际关系较好；也更能面对挫折，在压力下不容易崩溃、退却、紧张或乱了方寸，能积极迎接挑战，面对困难也不轻言放弃。因为这些能够抵制诱惑的孩子在追求目标时也和小时候一样，能压抑立即得到满足的冲动，所以更容易实现目标。而那些急不可待、没抵住诱惑的孩子则更易受打击，犹豫不决，能力较差，在青少年时期更容易有固执、优柔寡断和压抑等个性表现。

后来，这些孩子中学毕业时又接受了一次评估，结果表明4岁时能够耐心等待的人在校表现更为优异。根据孩子父母的评估，这些孩子学习能力都比较好，无论是语言表达、逻辑推理、专注、制定并实践计划、学习动机都比较好。更让人意外的是，这些孩子的入学考试成绩普遍较高，等待最久的三成孩子，平均成绩语文610分、数学652分；而最迫不及待取走糖果的三成孩子，平均成绩语文524分、数学528分。两组孩子总分差距多达210分。

在后来的几十年的跟踪观察中，发现有耐心的孩子在事业上的表现也较为出色。那些忍住诱惑的孩子，成年后在事业上更易成功。

这个糖果试验只是反映了人在童年时期的一个小小行为，但随着人的成长，这种小小的行为会慢慢演变为人在方方面面的情感和社会能力之一部分。人在一生中，许多大大小小的成就，甚至包括读完大学坚持拿到学位、减肥、坚持跑步等等，都取决于抑制冲动的能力。情商概念的倡导者，哈佛大学心理学家丹尼尔·戈尔曼常常用这个实验来告诉人们：自我克制能力对一生的成功都很重要。

自我克制能力是多种自制力的根源，是最基本的心理能力，，它是一种能自觉而有效的调节自己的情绪，控制自己的欲望、约束自己的行动，把自己的情绪、欲望和行动，置于自己的理智支配之下的能力。具备这样能力的人，能够制止与目标相背离的心态和行为，能够根据情况做出判断，抑制冲动才是最有利的。并且努力设法将注意力从眼前的诱惑转移开，以达到最终的目标。

　　而没有或缺乏这种心理素质，情绪不能调节，欲望不能克制，行动不能约束，是很难适应周围环境和社会生活的。很容易做错事，很容易做出自己后悔莫及的事，甚至处处碰壁，寸步难行。所以，要让自己具备较强的自我监控能力，首先要学会自我克制。

　　同学们的生活中，处处需要自我克制能力。假如你手中有一张电影票，但是又要准备考试，你应该如何选择？假如你被某人弄得很不高兴，甚至要发脾气，你该怎么办？假如有一部很好的电视剧，但演完就会很晚，第二天你还要很早去上学，要做出正确的选择，你就需要自我克制能力。

　　纵观古往今来我们身边的成功人士，他们往往就具有这样的特征：抑制冲动，以达到某种目标。这些目标可能是建立事业、学好英语、解决一道数学难题、成为著名的运动选手。多少奥运冠军们逢年过节正当他人访亲拜友、远足旅游的时候，刻苦练功、汗流浃背，心中只有获得金牌的坚定信念，没有自我克制的能力是做不到的。

　　在一粒芝麻与一颗西瓜之间，同学们，一定明白什么是明智的选择。如果某种诱惑能满足你当前的需要，但却会妨碍你实现：人生的成功或者影响你长久的幸福——考上大学接受更好的教育，那就请你凝神静气，站稳立场，抵制住各种诱惑。

善于抵制不良诱惑

　　我们常常在道理上知道自己需要抵制诱惑，但是，同学们可能会发现，我们有时要抵制诱惑还是有点困难，特别是一些不良诱惑。同学们一旦陷入不良的诱惑之中，是很难从中逃脱。与成年人相比，中学生确实更易受到种种诱惑的误导，使自己的人生偏离正确的轨道。据我国某市一份资料统计，在所有犯罪分子中，不足18岁的占了10%，这是因为未成年人自制力较差，抵制不良诱惑的能力也是比较不充分的。除此之外，还有更多的中学生沉溺于不健康的嗜好中，虽未构成犯罪，但有的因此放弃学业，也是得不偿失的。

有一些诱惑难以抵制，是我们错误的认识了它们的作用。比如，有的同学过于沉迷网络游戏，认为玩游戏不仅可以轻松大脑，娱乐性情，而且可以开发智力，增长知识。然而，专家的研究结果令人大跌眼镜。来自专家对某市学生一年的跟踪调查表明：游戏程序是一种固定模式的大脑定型训练，并不能促进大脑工作能力，这种重复刺激只能使大脑活动趋于条件反射，反而让大脑的灵活性大大降低。而且长期游戏易导致近视、注意力下降，使人产生幻觉，反应能力变差，影响智力发展，也使多数人心理上会产生焦虑情绪，一离开游戏精神就萎靡不振。

在生活中，每个人都会遇到很多诱惑，碰到很多陷阱。只有学会自制，才能安全地跨过陷阱，赢得学业和生活的成功。

那么，应该如何增强自我克制能力，学会克制自己呢？首先，你一定要树立一个做人的原则和生活的目标，考虑哪些事情可以做，哪些事情不可以做；哪些事情应该做，哪些事情不应该做；事情做到哪种程度是有益的，做得过分就损害了自己和别人的利益等等。再者，同学们要加强自己的道德修养，如果人心不正，就容易为恶，就容易做出不良行为。所以，必先去除内心不正当的念头，让善念滋生，让良知监督自己和指引行为，自觉为善，自觉做出良好的行为。著名教育家蒙特梭利说："如果你可以自觉遵守道德准则，那么你就有自制能力了。"

一旦你树立了原则，就要坚决执行，不要给自己任何一个违反原则的机会，即使"仅仅一次"也不行，这样，才能抵制住外界的不良诱惑。

原则一旦树立，生活的目标也要明确。我们在第一堂课里就和同学们讨论过生活目标对你生活的指导意义，在自制力方面，也是一样，你在做出任何决定前要想一想是否有利于目标的实现，如果不利，那就要坚决避免这种行为，避免诱惑的误导，而要将注意力都集中在你的学习目标上。

一个人，想实现自己的人生价值，却不能抵制诱惑，把精力分散到许多事情上，这样的人是不会成功的。所以，同学们要从现在开始自觉培养自制力。

对情绪进行自我调节

越来越多的人认为情绪智力也就是我们常听到的情商的高低是致使个人生活成功的决定性因素，虽然这个观点仍然存在争议，但是至少提醒我们需要认识我们的情绪。

我们几乎每天都会体验到各种不同的情绪：喜、怒、哀、惧。

情绪是我们生命中不可分割的一部分，从生理学的角度分析，情绪其实是大脑与身体的相互协调和推动所产生的现象。因此，一个正常的人，必然是有情绪的。没有某些情绪的人，其实是有缺憾、不完整的人，他的人生不是有欠缺，就是极度痛苦。

情绪也是一种能力。同学们尽管年少，却仍然拥有很多情绪能力，在很多事情上，你们都有自信、勇气、冲动，或者是冷静、轻松，或者是坚定、决心，或者是创造力、幽默感，或者是敢冒险、灵活、随饥应变……这些能力可以帮助我们更好地处理每天发生的生活事件，更好地享受美好的生活。

情绪种类虽多，作用无非两种，积极作用和消极作用。不同的情绪对人生的影响是不同的。积极作用的情绪推动人生的成功。而消极作用的情绪则阻碍着人生的进步。但是什么情绪是消极作用、什么情绪有积极作用，却并不是泾渭分明的。比如悲痛，人们通常认为是消极情绪，但也有"化悲痛为力量"的情况，也有很多人的人生是在痛苦悲伤中获得升华。

能够驾驭和管理好自己情绪的人，能够将消极作用的情绪转化为积极作用的情绪，会把情绪转变成获得成功人生的重要力量，所以，体察自己的情绪对于获得生活的成功，还是一件很重要的事情。

提倡上面所说的情绪智力的心理学家丹尼尔·戈尔曼认为人的情绪智力包括：了解自己的情绪、控制自己的情绪、激励自己、了解别人的情绪、维系圆融的人际关系五个方面。其中了解自己的情绪是指：能立刻察觉自己的情绪，了解产生情绪的原因。了解自己的情绪，确实知道自己别人与某些决策的感觉，才能掌控自己的生活。而控制自己的情绪，是指能够安抚自己，摆脱强烈的焦虑、忧虑。也就是能够控制刺激情绪的根源。在了解并控制好自己的情绪之后，戈尔曼认为能够整顿情绪，让自己朝一定的目标努力，增加注意力与创造力，也就是能够激励自己的能力也非常重要。

有一些过于强调要一直保持积极情绪的人可能认为出现低落或者波动的情绪是很大的问题，其实情绪从来都不是问题。如果你感到不适去看医生，医生说你的心跳加快，需要做手术切除心脏，你就会觉得这个医生精神有点不正常吧？情绪和心跳加快一样只是症状而已。可是绝大部分人都把情绪看作是问题本身,很多人试图制止某些情绪的出现。而其实,情绪只是告诉我们,生活中有些事情出现了,需要我们去处理。

在生活中,人们情绪的积极和消极作用都非常不一样,原因是他们处理自己情绪的方式不同。

所以如果我们能够认识我们自己的情绪的状况和作用,并且能够主动地进行自我调节,那么对我们积极作用的情绪就会多一些。不然消极情绪就会多,就像《杞人忧天》中的那个杞国人,只知道日夜忧愁,不知所为,自己徒增烦恼,美好的生活就被自己的不良情绪掌握了。

同学们要学会把握自己的情绪,首先需要能够正确、客观地了解自己的情绪。只有了解自己的情绪,才能把握它。要是不了解,就只能无助地听任它们的摆布,成为情绪的奴隶。

情绪常提醒我们在某件事情中该有所学习。人生中出现的每一件事都给我们提供了怎样使人生变得更好的学习机会,情绪的出现,正是教我们有所学习。每种情绪都有其意义和价值,不是给我们指明一个方向,便是给我们一份力量,甚至两者兼有。比如,如果我们没有不甘心被别人看低的感觉,我们便不会如此发奋;如果我们没有恐惧,生命会变得多么脆弱!

了解情绪的原因不"只是要透过了解来把握自己的情绪,最重要的是通过情绪的力量获得自我激励。这就是对情绪的管理。

比如,你可能会因为马卜要参加一次演讲比赛而紧张不已,生怕出差错。如果你一直让自己陷入这种恐慌的情绪中,毫无疑问你的这次演讲肯定没有条理,乱讲一通。但如果你意识到一直陷在这种紧张之中的坏结果,然后你开始停止恐慌,控制住自己的情绪来分析这种紧张,寻找解决的方法,也就是说,你开始控制自己不良的情绪，那么，当你发现你为什么会害怕、紧张和恐惧的原因后，就不会感觉那么紧张了。

再比如，我们很多同学在考试前都会有紧张情绪，如果能通过自我的管理消除它，取得好成绩的概率就提高了很多。

当我们能够了解和接纳自己的情绪时，进一步察觉原因，情绪的困扰差不多已经解决了一大半。因为只要你能够察觉原因，一般就能够找到调节情绪的办法。

情绪是我们生活感受的探测器，是我们内心世界的奇妙"窗口"。不同的情绪对人们的学习、生活起到不同的作用。对于同学们来说，我们当前最重要的任务就是完成自己的学业，而情绪对学业的影响颇为重要。著有《情商》的丹尼尔·戈尔曼在这本书中，有不少针对情绪与学习效果的研究，摘录出来与大家分享，让我们再次"链接"一下杰出人士的智慧，看看情绪如何影响我们的学业。

情绪与学业的关系

（1）情绪影响心智

我这一生中只有一次因恐惧而瘫痪的经验。我大学一年级参加微积分考试时，不知为什么毫无准备就去应试。我记得那是个春天的早晨，走进教室时心中充满宿命与不祥的感觉。我到那问教室上过很多次课，但那天我完全没有注意到窗外是什么景象，眼中甚至没有教室存在。我走到靠门的一个位置坐下，眼光凝缩在眼前的一小块地面。我打开考卷，耳边充塞怦怦的心跳声，胃部因焦虑而痉挛。

我很快瞥了一遍试卷，完全没有希望。整整一个小时我盯着试卷，脑中不断想着可怕的后果。同样的思绪一再重复，恐惧与颤抖交织循环。我坐在那里无法动弹，就像中了毒箭的动物。回想起来，最让我惊异的是我的脑子竟然萎缩到那种程度。那一个小时我并未尝试拼凑可能的答案，也没有做白日梦。而只是坐在那里凝视我的恐惧，期待这可怕的折磨早点结束。

上面这段恐怖的回忆正是我本人的经验，我认为是最能表现情感痛苦严重影响心智功能的例证。检讨起来，这段经验仿如在试验我的情感是否能战胜、甚至瘫痪思考力。

情绪影响心智，这是每个老师都知道的。学生在焦虑、愤怒、沮丧的情况下根本无法学习，事实上任何人在这种情况下都很难有效接收或处理资讯。强烈的负面情绪会扭曲我们的注意力，当某种情绪几乎是无孔不入地凌驾其他思绪，以致不断阻挠你对身边事物的注意，这表示情绪的影响已超乎正常范围。譬如说一对正经历离婚的人或父母正要离婚的孩子，往往很难将注意力专注在日常琐事或功课上。

当情绪超越专注力时，人将失去一种科学家称之为"操作记忆"的认知能力，亦即脑部无法储存足够的资讯以应付手边的工作。操作记忆的内容可能琐碎如电话号码，也可能复杂如小说家编辑的情节。任何心智活动（小至造句，大至解析复杂的逻辑命题）都要基于操作记忆这个最基本的心智功能。当你受制于痛苦的情绪，操作记忆便会受影响，你将无法正常像前面叙述的考场经验。

（2）心情影响思考力

焦虑会影响智能，譬如说空中交通管制员负责的是非常复杂、劳心、压力重的工作，长期处于焦虑状态的人几乎可确定不会有好的表现。有一项研究便是以 1790 位受训的管制员为对象，发现有焦虑现象的人即使 IQ（智商）较高，表现却较差。事实上，所有领域的表现都受到焦虑的影响，愈焦虑的人表现愈差，不管衡量的标准是考试成绩、平时成绩或成就测验都一样。

最早就考试焦虑的现象做科学研究的是 1960 的理查·艾尔坡。他自称研究的动机源于自身的经验，学生时代的他总是因紧张而考试失利，但他的同事拉尔夫·海柏却发现考前的压力对自己有帮助。他们研究发现有两种焦虑型的学生，一种因焦虑而使学业成绩打折，一种不受焦虑影响，甚至可能因压力而表现更好。考前压力能让海柏这类学生加强准备而有好成绩，却会使另一类型学生阵前失利，的确是很有趣的现象。对艾尔坡这种紧张过度的人而言，考前的焦虑会影响思考与记忆，读书时事倍功半，考试时也无法维持清晰的思考力。

看看一个人考试时忧虑多少，可相当准确地预估考试成绩。这是因为心力用在忧虑这种认知活动时，用以处理其他资讯的心力自然减少。如果你在考试时不断担忧会不及格，用在思索考题的注意力必然减少。于是忧虑者往往一语成真，一步步实现自己预言的灾难。

反之，善干驾驭情感的人懂得运用考前或演讲前的焦虑，激励自己更用心准备，临场自然有较佳的表现。

心情愉快让人更能做弹性与复杂的思考，也就较容易解决智能或人际的问题。所以说要帮助别人解决问题，说笑话可能是不错的方法。笑与兴奋一样有助于开拓思路自由联想，从而注意到先前未想到的方法。这个技巧不只在创造活动时很重要，也很有助于认清复杂的人际关系或预见一项决策的后果。大笑有助于提升智能表现。尤其是对需要创意思考的问题时。不知道读者是否听过一个心理学家常用来衡量创意思考力的测验，研究人员给受测者一根蜡烛、火柴及一盒大头钉，请他们将蜡烛固定在软木制的墙上，但烛油不可滴在地上。多数受测者都会落入传统思考的窠臼，研究人员请受测者分别先观看滑稽影片、关于数学的影片或做运动，结果发现看过滑稽片的人最可能发挥创意，想出答案：将盒子钉到墙上作为烛台。

即使是轻微的情绪改变也会影响思考，一个人在做计划或决策时如果心情很好，想法通常较开阔乐观。一方面这是因为人的记忆跟着心理状态走，心情好时我们会记得较愉快的事。因此当我们心情好时衡量一件事，便容易做出较大胆冒险的决定。

同样的道理，坏心情将记忆导向负面的方向，使我们容易做出退缩或过于谨慎的决定。由此不难推想情绪失控对智能的影响。

（3）乐观影响学习成绩

一项研究请大学生考量下列假设性问题：你设定的学期目标是80分，一周前第一次月考成绩发下来了，你得了60分，你会怎样？

每个人的做法因心态而异。最乐观的学生决定要更用功，并想到各种补救的方法。次乐观的学生也想到一些方法，但比较没有实践的毅力。最悲观的学生则根本宣布放弃，一蹶不振。

上述研究是由堪塞州大学心理学家史耐德预测效果的入学测验，拿智能相当的学生做比较，结论是情绪对他们的表现影响甚巨。史耐德的解释是："乐观的学生会制定较高的目标，并知道如何努力去达成。对智能相当的学生进行比较会发现，影响其学业成绩的主因是心态是否乐观。"

史耐德发现高度乐观的人具备若干相同特质：较能自我激励，

能寻求各种方法实现目标，遭遇困境时能自我安慰，知所变通，能将艰巨的任务分解成容易解决的小部分。

所谓乐观是指面临挫折仍坚信情势必会好转。从情商的角度来看，乐观意指面对挑战或挫折时不会满腹焦虑、抱持失败主义或意志消沉，这种人在人生的旅途上较少出现沮丧、焦虑或情感不适应等问题。乐观是让困境中的人不致流于冷漠、无力感、沮丧的一种心态。乐观也和自信一样使人生的旅途更顺畅。

沙里曼（注：一心理学家）将乐观定义在对成败的解释上：乐观的人认为失败是可改变的，结果反而能转败为胜。悲观的人则将失败归诸个性上无力改变的恒久特质。不同的解释对人生的抉择造成深远的影响。举例来说，乐观的人在求职失败时多半会积极地拟定下一步计划或寻求协助，亦即视求职的挫折为可补救的。反之，悲观的人认为已无力回天，也就不思解决之道，亦即将挫折归咎于本身恒久的缺陷。悲观的人找自己的原因，乐观的人寻找自己以外的原因。

乐观与信心一样可预测学业成绩。沙里曼曾以1984年度加州大学五百名新入学生为对象做乐观测试，他得到的研究结论是："从每个人解释成败的角度则可看出他是否容易放弃。一定程度的能力加上不畏挫折的心态才能成功。要预测一个人的成就，很重要的一点是看他是否能愈挫愈勇。以智力相当的人而言，实际成就不仅与才能有关，同时也与承受失败的能力有关。"所以，预测一个人的成就可以看他是否能够愈挫愈勇。

（4）成为自己情绪的主人

一个人在生活中经常会遇到种种不如意，有的人会因此大动肝火，或者沮丧到极点，结果把事情搞得越来越糟。而有的人则能很好地控制住自己的情绪，泰然自若地面对各种困境，在生活中立于不败之地。一个人的情绪管理得好，相对来说他的自制力就会增强，学习与工作的效率和效果也会大大增加。可以说，一般情况下，情绪调节能力强的人，能够更好的适应社会。

情绪的调整能力也可以说是心理的自控能力。我们调整的目的是要让情绪来为我们服务，而不是让它成为我们的主人。就像我们的手与脚、过去的经验、积累了的知识能力等，是为我们服务、使人生更美满的。这就需要认识我们的情绪、调节不良情绪、保持积极情绪，保持乐观、开放的心态。

但是，对同学们来说，在这个青春期的年龄，却是很容易产生情绪波动的，可能有些同学还因为一些学习和生活的烦恼陷入了痛苦迷惘中不能自拔，成为了自己情绪的奴隶，而不是驾驭自己情绪的主人。不过，这种情况是可以扭转的，有很多技巧可以帮助每一个人成为自己情绪的主人。

要成为情绪的主人，我们就需要认识到一些负面情绪的影响。比如，消沉的情绪会给你带来什么呢？这个情绪集中的表现就是缺乏信心、精神不振、消极地等待、把希望寄托在偶然出现的机遇或外来的援助上。于是消沉就慢慢变成了一个温床，并且滋生出它的果实——惰性。所以我们要先识别一些包括消沉在内的一些不良情绪，它们不仅仅让我们不开心，还会带给我们很多更可怕的东西。实验证明：恐惧、焦虑、抑郁、嫉妒、敌意、冲动等负面情绪，是一种破坏性的情感，长期被这些心理问题困扰会导致身心疾病。

遇到需要调节负面情绪的时候，同学们要把握一些原则和方法。

首先，要时常注意保持内心的平衡，对自己对他人都不要过分苛求。有些人把自己的抱负定得过高，根本没有能力达到，因此郁郁寡欢；有些人做事要求十全十美，往往因为小小的瑕疵而自责。如果把自己的目标和要求放在适度的范围，做目标能够实现的事，就不会如此痛苦了。同时，你对他人期望不要太高。许多人把希望寄托在他人身上，如果对方达不到自己的要求就会大失所望，把希望寄托在别人的身上，就把自己情绪的主动权交给了别人。位置摆正了，心态平了，情绪也就能够更稳定。

当负面情绪出现时，要学会转移不良情绪。当我们遇到严重的挫折或伤害时，往往会产生愤怒、恐惧、焦虑等强烈的情绪反应。这时要理智地控制自己，脱离造成挫折的环境和事物，把注意力转移到另一个事物上，暂时将烦恼放下，找一些有乐趣的事情做，走出去，到你喜欢的地方去旅游、看电影等以此来缓解不良情绪的影响，慢慢获得心理上的平衡。丹尼尔·戈尔曼也认为这种方式非常有效，他描述他自己如何疏导自己的愤怒情绪时说："我十三岁那年，有一次在盛怒之下离家出走，发誓再也不回家了。那是个美丽的夏日，我在恬静的巷道里走了很久，周围的静谧与美好渐使我心情平静下来。几个小时候后我怀着愧疚回家了，几乎有一种温柔的感觉。自此以后，每当愤怒时我便出去走一走，我发现这是最好的方式。"

愤怒情绪是比较不容易控制的，当你勃然大怒时，很多蠢事都会干二出来，与其事后后悔不如事前自制，把愤怒平息下去。偶尔也要忍让。要心胸开阔，只要大原则可以接受，小事就不必斤斤计较，忍让和宽容都可以减少烦恼。但如果你比较容易愤怒，就需要给自己设计一个制怒的常用方案，你需要设立一个自己行为标准，用行为标准来调节自己的行为，比如增强法制纪律观念，用纪律来调节自己的行为。

当你因受挫而情绪低时，学会找人倾诉烦恼。如果把心里的烦恼告诉你的好朋友、师长，心情就会顿感舒畅。也可以通过写日记等方式来宣泄情绪。自我幽默一下，也是一种化解挫折感和尴尬场面的好方法。用含蓄、讽喻、诙谐、寓意微妙的幽默，使人在困境中也能感到乐观和情趣。

还有一个转移负面情绪的好方法是学会用愉快的情境体验来驱赶不愉快的情绪。比如，当你烦恼时，就尽量去为别人做些事。帮助别人不单是使自己忘却烦恼，而且还可以确定自己的价值，更可以获得珍贵的友谊。都说助人为乐，意思就是助人可以让你的情绪转移到一种快乐的体验上来。

设计自制力培养方案

事实上，人的自制能力并非天生的，是可以通过锻炼来增强的。为了增强自制能力，我们可以采取哪些方法，来进行自我克制能力的训练呢？

在所有不愉快的情绪中，愤怒似乎是最难摆脱的，有人发现愤怒是人类最不善控制的情绪。愤怒又是最具诱惑性的负面情绪，愤怒的人常会在内心演绎一套言之成理的独白，最后发展成发泄怒气的合理理由。我们就举克制自己内心的愤怒情绪的一个例子来说明怎样可以培养自制力。下面就是一个同学自我设计的自制冲动和愤怒情绪的方法，他把这些对自己的要求贴在了自己房间的墙上，时时提醒自己。

- 换位思考，替别人想想，学会冷静。
- 做一件令自己愉快的事来赶走不愉快的情绪。
- 内心感到被挫伤时，不盲目采取情绪化行为。

· 以"制怒"为座右铭。

· 当怒火即将爆发的瞬间，立刻卷起舌头不讲话，闭上眼睛，脑子里默念"忍"字。

· 当怒火来临时，迅速离开引发冲动的现场，到外面转转。

· 每一次愤怒时，都要想一想冲动行为的严重后果。

· 如果非常冲动，实在怒火难耐，赶紧对准一堵墙，挥舞拳头，但千万不要朝人发火。

· 时刻要遵守为自己设立的行为标准。

同学们要知道，在某一件事情上的自制力可以迁移到另外的其他事情上，变成对其他事情也采用相同的自制力。你不妨模仿上面的方案，采取相似的方法给自己设计一个方案，提高你对事情的自制力。

及时进行自我检查

我们要提高自我约束、自我管理的能力，有一个关键的环节，就是及时自我检查，及时地反思自己的行为，来进行自我的监控。我们之前谈到过的自我克制，识别自己的情绪都是自我监控的一个方面。

任何一种活动中的自我监控能力，都有广泛迁移的可能性，可以应用到不同的情境中，也可以应用到不同的活动中。如果一个人有好的自我监控能力，在什么活动中都能进行较好的自我监控。

比如，同学们的主要活动是学习。而一个具有较高自我监控能力的学生，在学习知识的时候，脑子里就好像有另外一个人，在指导自己如何学习，并不断地评价自己的学习成果，以找到行之有效的学习方法，甚至会自己设计奖赏办法来鼓励自己。在学习过程中的自我监控，会促使自己选择适合于自己的学习方法、学习内容和形式。创设有利于自己学习环境的过程，自我监控和评价自己的学习过程；这样才能从中领悟出自己的学习规律，才能更好地监控自己的学习活动。

一个人如果在学习中的自我监控能力好，那么他在生活中的其他问题上的自我监控能力也会很好。比如，在待人接物方面，在学校的社团工作方面，都会有好的自我监控能力。因为自我监控能力是可以迁移的。也就是说，如果反过来，一个在某方面自我监控能力差的同学在学习上的自我监控能力也不可能太好，所以，培养自我监控能力，可以从任何一个行为、事情入手。

在自我监控的各环节中，自我检查是非常重要的一个环节。同学们要学会每天给自己留出思考自己行为的时间，哪怕每天能够有三分钟的时间来反思自己，进行自我检查，对你的成长也具有非凡的意义。因为如果不会进行自我检查，就直接妨碍下一步的自我监控。

学会自我反思也是自我完善的关键，也是自我约束和管理自己的一个前提。自我反思是将已有的行为内化为意识，简单的说来，就是自己能够"看见"自己的行为，意识得到自己行为一的动因和结果。学会自我反思，人才有机会来发展自己，并通过改善的行动来靠近自己的目标。

自我反思有几种，一种是过程性反思，是每事、每日反思自己的成败得失，不断获得自我矫正的机会。另一种是阶段性反思，就是每周、每月反思自己的成败得失，用书面的形式写一写《我的进步与差距》。成功则体验成功乐趣，自己提高积极性和自信心；失败则调整自我设计，以利再战。

写"成长日记"，是一个自我检查很有用的办法。成长日记是以自我监控为重点的，内容可以是："今天我的生活中发生了什么"；"今天我最大的收获是什么"；"今天有什么事我存在着不足"；"今天我哪节课学得很顺利，为什么"；"今天我哪节课学得最吃力，什么地方不懂，为何不懂，如何弄懂"；"这段时间我学习或生活上有什么毛病，如何改进"；"今天我改得怎样"；"我今天有什么进步"；"近期和远期我有怎样的目标，今天我应该怎样向目标靠拢"；"今天我的学习计划落实得怎样"等等。

通过记日记和阶段性的书面总结进行及时的自我检查，久而久之在自我反思、自我约束和自我管理上就能够形成习惯。

青少年正处于自我监控能力形成和发展的时期，这样及时地进行自我检查，一是起到了强化作用，巩固自我监控训练的成果；二是起到了查漏补缺的作用，及时调整，保证自我监控训练的效果。

自律从细微处开始

自我监控能力的培养是要从小处着手的。

"勿以恶小而为之，勿以善小而不为。"这是刘备临终前给其子刘禅的遗诏中的话，劝勉他要进德修业，有所作为。好事要从小事做起，积小成大，也可成大事；坏事也要从小事开始防范，否则积少成多，也会坏大事。所以，不要因为好事小而不做，更不能因为不好的事小而去做。小善积多了就成为利天下的大善，而小恶积多了则"足以乱国家"。

"勿以恶小而为之。"多数情况下是告诫我们不要做坏事，但是如果把这句话用在自我监控上，那就是说我们在小事上也要严格自律，不要以为小毛病就不需要反省、检查和监控。

我们一个人在细节上的自律是最能体现他的自制能力的。大事我们有很多人监督、法律和公众的约束，但是小事就常常没有人来专门干预你。

比如，我们郊游在山野上扔了几个塑料垃圾袋，这种事没有人会来干预你，对于环境看上去也不会有太大影响，但一个有环境意识的并且能够严格自律的人就会把垃圾袋带下山，扔进垃圾箱里。

我曾经看到网上的一份调查报告，一份对大学生日常生活行为的调查，被调查的大学生中有45%的学生认为自己"偶尔疏忽"了就餐时餐桌的整洁，而把桌面搞的狼藉不堪；20%的学生在教室学习时"偶尔忘记"或"从不"将手机调至振动档；15%以上的吸烟学生继续在教学楼里吸烟；30%的学生没有将废弃电池扔进回收桶；15%的学生经常上课吃东西、喝水，65%的学生"偶尔为之"，"从不"的学生只有20%。可能有些人会不以为然地认为这些只是无关紧要的小习惯小毛病，但是，这些习惯却在时刻影响和干扰着周围的人。

是不是小毛病，有时我们看到的只是事物的端倪，而没有看到它的全部。这些平时我们可能会忽视的一些细节，也算得上是

"小恶"，"小恶"的"为"与"不为"往往是对人性的检验，"小恶"往往会对个人习惯、品德的养成产生重要影响。一个与有修养的、严格自律的人会主动远离这些"小恶"，而只有这样一个在细微处也能严格自律的人，才有可能成为道德高尚的人。

自律是一种心态，也是一种能力。如果我们懂得自律，就能时常反省自己，让自己始终拥有不断进取的动力。自律的关键在于"自"字，也就是说，即使没有人来干预和约束你，你也能够约束你自己，保证行为符合规范，就如我们古人说的"君子慎独。"

下面这篇短文《没人看见，你也鞠躬吗?》可以作为同学们的镜子。

在东京坐过一次小巴。是那种很不起眼的小型公共交通工具，从涩谷车站到居住社区集中的代官山。一上车我就注意到司机是个娇小的女孩儿，穿着整齐的制服，带了那种很神奇的筒帽，还有非常特别的耳麦。我们上车的时候她就回头温柔地说："欢迎乘车。"让我立刻就觉得这样的车程是温馨而又愉快的。

途中发现司机最忙的其实是嘴，因为她戴着耳麦时刻都在很轻柔地说着什么。比如，"我们马上要转弯了，大家请坐好扶好哦"；"我们前面有车横过，所以我们稍等一下"；"变绿灯了，我们要开动了"；"马上要到站了，要下车的乘客请提前做好准备"。车门打开了，随着乘客上来一个同样装扮的女司机，她朝车里的乘客们深鞠一躬，说："接下来由我为大家服务，请多关照。"

哦! 原来她们是要交接班了。要交班的司机下车绕到驾驶位，和刚才那位司机交接工作，她们简单的交谈了几句，然后相互深深地鞠躬，大家交换位置。然后上来的司机握好方向盘，同样温柔地说："我们的车马上就要开动了，请大家注意安全。"这时，下车的司机在路边对乘客说："谢谢大家，祝大家一路平安！"

车开动了，无意中回头，我发现路边的司机静静地在路边朝我们行驶的方向鞠着90度的躬，许久许久！

我说了这么多乘车时的细节，重点就在这个无人看见的鞠躬。那天下着小雨，在一条社区安静的小路旁，一个娇小的女孩儿诚心实意地对着乘客离去的方向深深地弯下腰，这个场面让我当时相当感动，平平静静地定格在我的记忆中。

我可能会让你觉得过分复杂和矫情，我也无意推崇某些具体的做法，我甚至觉得更多的客套话和没完没了的鞠躬，其实已经不太适应这个快节奏的时代，可是我感动于这个无人看见的鞠躬。

这让我觉得职业的操守，行为的准则不是遵守给别人看的。如果你没有从心里理解和接受一个做法，你就没有办法发自内心把它做得透彻到位，别人监督的时候当然可以很好的表现，没有人看见的时候呢？是否也能同样好自为之？其实，我们的操守教育也好，诚信教育也好，就是期待能看到大家在人前人后都用一贯的标准要求自己！

可以这么说，自律自制是一切美德的基石。这是因为，自律、自制力、自我监控能力、自我反思的能力，所有这些能力都是在我们的学习、生活、个人性格品质养成等方面能够相互迁移的能力。一个在小事上缺乏自制力的人，在大事上也缺乏自制力，就像前面我们谈到过的糖果试验，克制不住对一块糖的诱惑，自然也很难克制住对不良嗜好的诱惑，长大以后面对金钱、名利各种诱惑也很容易迷失自己。同样，而如果一个人能在小事上自律，在大事上，也就有了控制自己的能力。

有位哲人说过："请留心你的行动，因为行动能变成习惯。"自律是一种习惯，不能自律也是一种习惯。一个在小事上不够检点的人，在大事上也不能自律。因此，我们应该懂得以小见大的道理，从小事情开始养成自律的习惯。

第十一章　用顽强的意志力战胜挫折

事实上，挫折并不都是坏事，处理得好，它也可以成为我们自强不息、奋起拼搏、争取成功的动力和精神催化剂。如果我们能明白人生难免有挫折，遭遇挫折时极为正常的道理，我们就能正视现实，直面挑战；当遇到挫折时，不是怨天尤人，而是把它当成丰富人生经历和走向成功的垫脚石。面对困难，需要的不是惊慌和悲伤，而是面对的勇气；面对挫折，我们应视之为进步的阶梯，用乐观的态度来对待，调动身心各方面的潜能，消除挫折的消极影响。

挫折和失败是成功的先导

人生并不是一直照我们的意愿来发展变化的，没有人盼望挫折，但挫折与失败却常常会不期而至。

像人总有影子一样，成功总是甩不开挫折。尽管人们千方百计地摆脱，然而挫折依然困扰着人们：学生的学业不合格，高考不能升人大学，科研人员未能完成攻关项目，登山运动员不能登上项峰，探险者不能达到目的……

不管同学们喜不喜欢，挫折总是会伴随着你的生活，我们不可能不面对挫折。有一首歌这样唱道："不经历风雨，怎能见彩虹？"没有挫折和失败的人生绝不会成为完美的人生。

但凡在这个世界上有所成就的杰出人士，他们的成功总是与失败如影随形。

1858 年，英国物理学家威廉·汤姆逊领导建造了世界第一条大西洋海底电缆，但第一次，只用了一个半月，由于报务员的错误，而导致电缆绝缘击穿而损坏。经过 7 年准备，汤姆逊又领导建设了第二条电缆。可用航船载放到中途时，在铺设了 1000 千米电缆后，电缆却突然折断。电缆公司又浪费了数十万英镑，并付出了 9 年时间。把钱扔进大西洋，似乎只有傻瓜才会再干了，但汤姆逊终于说服了公司再当一次"傻瓜"。在 1866 年，第二条跨越大西洋的电缆终于铺设完成，并于这年的 7 月 27 日送出第一份电报。1906 年汤姆逊因在气体导电研究方面的成就获得了诺贝尔物理学奖。晚年他回顾自己人生历程时说："有两个字最能代表我 50 年内在科学进步上的奋斗，这就是'挫折'。"

真正有成就的人，都是在经历了失败和挫折之后才取得辉煌成就的，不经历挫折，便没有成功的果实，因为挫折是一个路标，对下次"不"要去哪里作出了指引。

哲学家科林斯说："不经历挫折，成功也只能是暂时的表象，只有历经挫折的磨难，成功才能像纯金一样发出光来。"

从挫折中获得经验并学习新事物非常重要。如果一个人具有在挫折中学习的精神。就不会两次犯同样的错误，更不会失去对成功的信心。日本学者板井野村曾说："没有比挫折更有价值的教育。"但如果把失败弃之不顾，不加反省就意志消沉，那么即使开始下一项工作，也不会收到好的效果。

同学们都知道爱迪生是做了一万多次试验才发明了灯泡的。在每次失败后，他都能不断寻求更多的东西。当他把原来的未知变成已知的时候，灯泡就被发明出来了。所以他认为那么多的失败实质上都不能算是失败，"我只是发现了9999种不适用的方法而已。"

这位伟大的科学家在"屡战屡败"中深知从各种失败中也能获益，他说："挫折也是我所需要的，它和成功一样对我有价值。只有在我知道一切做不好的方法以后，我才知道做好一件工作的方法是什么。"

成功与失败就像事物发展的两个轮子，失败是成功之母。但我们更有理由说失败和挫折是成功的先导。在莱特兄弟之前，许多发明家已经非常接近发明出飞机的目标了，但是都以失败而告终。莱特兄弟应用了和别人同样的原理，只是给翼边加了可动襟翼，使得飞行员能控制机翼，保持飞机平衡。在别人遇到挫折的地方，他们多走了一步，于是他们就成功了。

这样看来，挫折有时也意味着一个新的机会。同样面对失败，在具有积极心态的人那里，挫折不过是暂时的。他们会把挫折当作机会，领悟到之所以失败。之所以受到挫折，说明自己还存在某些欠缺和不足。看到了自己的弱点，无疑就增长了经脸，于是他们去尽力克服自己的不足，从而增长了自己的信心和进取心。在他们眼里，暂时的挫折不应该是消沉的原因，而应该是继续奋斗的起点，挫折传递给你的信息只是需要再探索，再努力，而不是你做不到。

在实际生活中，只有自信、主动、心态积极、坚持开发自己潜能的人才能真正领会挫折和失败的含义。你做一件事情失败了，这意味着什么呢，无非有三种可能：一是此路不通，你需要另外开辟一条路；二是存在某种故障，应该想办法解决；三是还差一两步，需要你做更多的探索。这三种可能都会引导你走向成功。

挫折并不可怕，因为成功与失败，常常只是一线之隔。"置之死地而后生"就是说一个人在失败后如果有重整旗鼓的决心和信心，就会获得反败为胜的机会。

挫折并不可怕，可怕的是，经历了挫折却不知道总结挫折的教训。更可怕的是面对挫折的消极心态，那些有消极心态的人，则可能因为失败而灰心丧气，认为自己一无是处，甚至从此不思进取，而这才是最大的失败。

挫折就像一所学校，要做一个成功的人，就要在挫折这所学校里接受必要的训练，在挫折这所学校的学习。从某种意义上来说，挫折有时决定了同学们将来一生的命运。如果你们在这所学校里敷衍了事，你可能就永远无法毕业，而需要在失败中过一辈子。

用挫折锻造自己顽强的意志力

我们刚才说过，挫折是一所学校，在这所学校里我们可以收获促使成功的经验和教训。但在这所学校里，同学们最重要的收获，还应该是坚强的意志力。培养自己的意志力是我们成长中必要的学习与修炼。

意志力是人们为了实现某一目标，所具备的一种坚定的、可以排除万难的精神力量。心理学家解释说："意志力是人们有意识地支配、调节行为，通过克服困难、以实现预定目的的心理过程。"由此可见，意志力包含了多种性格因素，至少包括：对挫折的忍耐力、排出困难的决心和信心，以及在实现目标过程中的坚持的毅力。

在我们追求人生目标的道路上，能保证我们成功的，与其说是才能，不如说是不屈不挠的意志的力量。意志力是一个人性格特征中的核心力量，是人对自己行为的一种控制力，这种力量的大小，决定了人的行动的动力的强弱。这种控制力越强，你越能控制自己的行为，这样你才能做事情有耐心、不急躁，一旦确定了目标，就会坚持不懈地把它完成。

人生中的任何胜利都有坚持的影子。成功就是坚持。意志力就是让我们能够坚持下去的持久力量，坚强的意志力会让我们在困境中毫不退缩。

人生中每克服一个障碍，都离不开意志的力量；每执行一个艰难的决定，也都离不开意志的力量。坚强的意志就是一股创造的力量，人的意志力是克服一切困难和挫折的利器。一个人要有钢一样的意志，坚不可摧，要有百折不挠的精神。无论遇到什么艰难险阴，都勇往直前，永不放弃，永不言败。

在生活中，不乏令人羡慕的成功者，一眼看去，他们似乎因为聪明"轻而易举"地达到自己所追求的目标，功成名就而获得了荣誉，但他们背后所付出的艰辛是我们所看不到的，更重要的是，蕴含于他们精神内核的意志力是普通人所不能想象的，正是这种意志力指导着他们全部的精神生活，引导着他们方方面面的行为。大浪淘沙，优胜劣汰，成功总是只属于那些备尝艰辛、异常顽强的人们。

许多人之所以总是遭受失败，并不是因为他们不聪明，而是在于他们缺少坚强的意志力，缺少坚强意志力的人会带来一系列的问题。比如，经常会情绪低落，沮丧，陷入绝望，缺乏行动力，容易放弃，不能坚持到最后的成功。

意志力并非是生来就有的，它是一种能够培养和发展的技能。那么，一个人的意志力发展从哪里来？就是从挫折这所学校里来。

心理学家认为：对挫折的体验，能培养人从容应付风险的能力。一旦自己能在风险中挺过来，对失败的恐惧就更少了，意志力就会逐渐被培养起来。无论成功还是失败，下次再遇到问题时，都会比较从容自若地应付。

同学们每战胜一次失败，就会对成功多更深一层的感悟6你们的人生就是通过这样一点一滴的磨炼积累逐渐坚强和成熟起来的。

挫折是生活中的正常现象

青少年培养自己意志力的第一步，就是对挫折要有一个正确的认识和态度。

首先，我们要懂得挫折是生活中的正常现象，无论科学技术怎样发展，个人的能力怎样强大，人的知识如何渊博，每个人都不能免除困难和挫折。

我们小时候学走路时跌倒，那是我们人生最早的挫折；当你年老体衰不能走路而第一次需要人来搀扶时，相信你也同样会备感受挫。所以说，挫折是普遍而不可避免的，也会伴随你的一生。重要的不是拒绝挫折，而是首先认识到挫折是普遍性而不可避免的。有了这个认识，你才不会在挫折面前不知所措，你就能做好充分的心理准备迎接它，然后努力去战胜它。

在人生的道路上，没有一个人是一帆风顺的。总会遇到各种各样的困难、挫折、失败，甚至是厄运，这完全是正常的事。可以说挫折是生活的组成部分，人的发展成长就是在不断战胜挫折中前进的。

法国物理学家伦琴小时候学习成绩很好，但他比较淘气，爱开玩笑。在他上中学的时候，有一个顽皮的同学故意在黑板上给一位老师画了一幅漫画，老师知道后非常生气，但没调查就一口咬定是伦琴画的。学校以不尊重师长的名义把他开除了。伦琴被开除后并没有放任自己而是在家里进行自学。后来，征得学校同意，他也参加了毕业考试，成绩十分优秀，然而学校却坚持不发给他毕业证书，他因此上不了大学。以后他几经波折，终于通过自己的努力以优异成绩被瑞士苏黎士学校录取。毕业时，一位物理教授认为他是一个很有发展前途的人才，想留他当自己的助手，可学校一查他的中学的履历就拒绝留他。这些坎坷并没有影响伦琴，又经过了二十年的努力，他终于担任德国沃兹堡大学的校长。后来发现了 X 射线，揭开了现代物理学的序幕，成为第一个获得诺贝尔物理奖的科学家。

我们看到的是，严重的挫折伴随着伦琴几十年的生活。如果他被挫折吓倒了，现代物理学的进程可能就要被延迟，历史将被重新改写。

在学校和家庭中，你也可能会遭遇像伦琴那样被老师、同学和家长误解的事情，你内心可能会感到受伤，有一种严重的挫折感。重要的不是会不会遭遇挫折，而是对待挫折的态度和行动。

除了像伦琴一样被老师和同学误会，导致挫折感的原因还有很多。比如，没有把事情办妥或者没有抓住时机；因为复习不够充分而导致考试的不及格或成绩不理想，体育成绩总不达标，做了好事非但得不到表扬反而遭嘲讽，与同学发生了冲突，甚至天气也有可能给我们带来挫折，某一天下雪而使得一向严格遵守纪律的你上学迟到被老师批评……

更有可能的是，你最大的挫折常常来自于你付出巨大努力的那些事情，尤其是那些与你的兴趣和能力有关的事情。比如，在集体活动中没有机会发挥你的能力或才华，没有充分的学习机会培养自己的某方面的能力和才干，你的创新的想法被父母或一位受尊敬的老师否定，你代表班级参加数学竞赛结果输得很惨，你倡导的某个班级活动遭到了失败，也有可能是你的家庭没有能力负担你学钢琴而你正好想成为音乐家。

事实是，我们无法控制遇到的每件事。我们无法控制人们如何对待我们。但是，有一件事情是我们能控制的，就是我们自己对于这些事的反应。

因此，你要学会平静地看待这些挫折，为这些挫折找出正确的原因。造成挫折的原因是多方面的，一类是客观因素，自然环境和外部条件给个人带来的困难和障碍；另一方面是主观因素，也就是说你的个人能力和努力程度。积极正确的归因是走向成功的基本保证，只有正确归因你才能够正视现实，平静地对待你的挫折，从挫折中汲取教训，使自己聪明起来。并且进一步找出对付挫折的方法，重新制定行动目标，继续努力接受新的挑战。

如何应对挫折带来的心理压力

没有达到自己的目的是很令人失望的，挫折面前，没有人无动于衷，听之任之。

当同学们遇到挫折的时候，也许会心烦意乱，灰心丧气或心神不定。还有人会感到苦闷、无奈、无助、自责甚至愤怒。这种挫折感，心理学家认为它是人们从事有目的活动受到障碍和干扰时所表现的正常的情绪状态。

挫折感是一把双刃剑，挫折感会给人带来心理压力，这个压力有消极的一面，也有积极的一面。挫折使人产生痛苦；但是挫折感也常常能催人奋起。当你试图摆脱挫折感而奋起的时候，这种摆脱挫折处境的压力可以让你的注意力高度集中，使你的表现比你抱着"无所谓"时的态度要好。高度警觉，并且使你的反应能力更加迅速，就像你被困在暴风雪中的时候，因为压力使你高度集中，进而使你更容易想出解决问题或应付危险的办法，所以，从这个意义上讲，挫折感也是有利的。

只有当你被挫折感折磨，而想不出更好的解决办法或者态度十分消极时，它才会成为一个坏东西。

挫折感对人的心理是很容易产生消极作用的，所以，同学们需要学会消除挫折感带来的这种负面影响，也就是挫折感带来的消极心态和悲观情绪。被消极心态和悲观心态笼罩的人会成为真正的失败者。

有些人会在困难面前很容易低头，被失败吓倒，就是因为不能正视挫折带来的负面情绪，在挫折面前丧失了自信心、自尊心，思想负担沉重，感到智穷力竭、灰心丧气。这样的人，为了消除挫折感，常常为自己寻找失败的借口，为自己辩解，回避或不正视问题的原因，或者假装无所谓。这些心理影响了他们为失败寻找正确的原因，于是不断的重复失败。

持续不断的失败带来挫折感也很容易使人产生悲观情绪，认为事情已经不可能有转机和成功的可能，悲观情绪往往会导致一个人沉浸在沮丧和郁闷、愤怒和自我憎恨中，让人自暴自弃。

还有一种不好的处理挫折带来压力的方式，就是像小孩子一样乱发脾气、乱扔东西来表达愤怒。这种宣泄方式并不能真正缓解挫折带来的压力。

挫折感带来紧张或消极的情绪反应是正常的，只是，你应该学会如何把压力降到最小，正确地对待它，并把压力转化成对你有利的因素。

最后，同学们要清楚一点，在相同挫折的情况下，个人的主观感受是不尽相同的，对这个人构成挫折的情景，对另一个人来说也许是具有挑战性的、好笑的，或者不值一提的。这是由于每个人对挫折的承受能力不同所致。这也使得每个人应对挫折的态度不同。在挫折感面前，有的人选择了理智、坚强、迎面而上，有的人则选择了愤怒、软弱和逃避。

挫折我们有时不可以选择，但面对打击如何反应却是我们自己的选择。学会合理宣泄不良情绪，提高自信心，从挫折的阴影中尽快走出来，自强不息，这样才能塑造新自我，走向成功。

从逆境里走出来的强者

逆境是一所无人报考的大学，但是从那里走出来的都是强者。

在个人无法抗拒的困难和挫折面前，承受能力就显得非常重要。别林斯基说："承受是一所最好的大学。"同学们要认识到，当你遭遇一个巨大的挫折，这个挫折对你的影响，总会持续一段时期。因此，当你处于一种非常艰难但是暂时的境况中的时候，要学会承受与忍耐。

中国有句老话："忍字头上一把刀。"也就是说忍耐注定会使内心产生痛苦，但那些成功的伟人，却不会把忍耐当成是一种不可承受的痛苦，而是把它当作一种意志锻炼与考验。这种对挫折和困难的承受力使他们能够坚持到最后。他们每多一分忍耐，就会多一些收获。培根说："奇迹多是在忍耐中出现的。"

很久很久以前，有一个养蚌人，他想培育一颗世界上最大的珍珠。他去大海的沙滩上挑选沙粒，并且一粒一粒地问它们，愿不愿变成珍珠。那些被问的沙粒，一粒一粒都摇头说不愿意，就在他极度失望准备放弃的时候，有一粒沙子答应了。因为它一直想成为一颗珍珠。

旁边的沙粒嘲笑它，说它太傻，在蚌壳里住，远离亲朋好友，见不到阳光、露水、清风、甚至还缺少空气，只能与黑暗、潮湿、寒冷、孤寂为伍，多么不值得！但那颗沙子还是无怨无悔地随养蚌人去了。

斗转星移，几年过去了，那颗沙子终于变成了一颗圆润纯净、价值连城的珍珠，而那些曾经嘲笑它的沙子们，依然是海滩上平凡的沙粒。

如果说世界上有"点石成金术"的话，那就是"艰辛"，你忍耐着，坚持着，当走完黑暗与苦难的隧道之后，就会惊讶地发现，你已经成为珍珠。

只是，当你正身在挫折的境遇里时，不只是自己的挫折感会来影响自己，周围人们的评价也会变得和你未曾失败的时候不一样。如果这个时候其他人改变了过去对你的看法，也是情理之中的事情。你甚至有可能会遭受一些嘲讽和非议。忍耐会使你宽容地对待周围那些不理解你的人，而这些宽容又会让你更懂得忍耐。

离开了对逆境的忍耐，没有人能够坚持到最后。对忍耐力的培养就是对意志力的培养。当你日渐学会忍耐并在逆境中坚持用积极的态度去解决问题，你就重新获得了从失败中走向成功的机会。

同学们，当你们在挫败中感到无法承受内心的痛苦的时候，请记住卡耐基的话："人在身处逆境时，适应环境的能力实在惊人。人可以忍受不幸，也可以战胜不幸，因为人有着惊人的潜力，只要立志发挥它，就一定能渡过难关。"

战胜挫折的最大障碍是什么

朋友们，在战胜挫折通往成功的道路上，最大的障碍是什么呢？可能你会说是因为不够聪明而找不到能够成功的方法，或者说是你控制不了自己的情绪或者能力不足。

事实上，你们说的都不是问题本质。

在我们战胜挫折的过程中，最大的障碍往往是我们自己的恐惧、怯懦和怀疑。

如果你觉得自己的力量非常微小，如果你认为自己是一个对于挫折无能为力的人，并且你不相信自己可以出色地抵达目的地——这就会限制你可能达到的人生高度，你不可能超越你的想象。你面对挫折的恐惧、自我贬低和怯懦不但会阻止了你的进步，而且会严重损害了你对的生活的热情。

面对挫折和困难，人最重要的力量就是战胜它们的勇气。弥尔顿曾经说过："即使土地丧失了，那有什么关系。即使所有的东西都丧失了，但不可被征服的志愿和勇气是永远不会屈服的。"说的就这种无畏的勇气。

勇气是世界上最好的治愈挫折感的滋补剂。如果你以一种充满希望、充满自信的精神进行奋斗，如果你能在挫折面前展现出自己的勇气，任何事情都不能阻挡你向目标前进。你遇到的任何失败，都只是暂时性的，你最终必定会取得胜利。

心理学家曾经做过一个有点残忍的实验。将小白鼠放到一个有门的笼子里，笼子的底部是金属的，然后，给笼子底部接通低电流，使小白鼠受到电击。如果将笼子门打开，小白鼠会立刻跑出，但如果用一个玻璃板将笼子门堵住，那么小白鼠就会撞上玻璃板，然后被挡回来。多次通电，小白鼠会反复受到玻璃板的阻击。终于小白鼠学会了屈服，它伏在笼子里，忍受着电击的折磨，完全放弃了逃跑的企图。这时再电击小白鼠，即使把玻璃板移走，它也不会外逃，而是绝望地忍受着痛苦。小白鼠的这种状态被称为"习得性无助"。当一个愿望多次受挫以后，就会因绝望而放弃。

人类也有类似现象。会不会因为面对多次的挫折与失败丧失成功的希望和再试的勇气，向挫折这个"金属笼子"屈服。

人们之所以会面对挫折丧失勇气，是因为挫折带来的困难、艰辛和痛苦常常令人害怕。

困难、艰辛和痛苦的确是令人感到恐惧，恐惧是人类正常的情绪和情感，问题不在于你会不会有恐惧，而是你能不能战胜你的恐惧。那些成功的人们，如果当初都在一个个人生的挑战面前，因恐惧失败而退却，而放弃尝试的机会，成功就不会降临在他们面前。

有一位哲学家曾经说过："许多人之所以伟大，源自他们所经历的大困难。"

那些伟大的人并不是在困难面前从不恐惧，而是这种希望克服困难带来恐惧的力量唤起他们的热情，唤醒他们的潜力而使他们达到成功，他们将恐惧转变为勇气，像蚌壳能将烦恼它的沙砾变成珍珠一样。

莎士比亚曾经说过："勇气是在偶然的机会中激发出来的。"这个偶然常常就是困难、艰辛和痛苦。

塞万提斯写《唐·吉诃德》是在他困处马瑞德狱中的时候。那时他贫困不堪，甚至无钱买纸，而在将完稿时，只得把皮革当作纸张。有人劝一位富裕的西班牙人去接济他，但那人回答说："上天不允许我去接济他的生活，因为唯有他的贫困，才能获得世界丰富！"

贝多芬是在两耳失聪的生命最低谷，创作出了他最伟大的乐曲；席勒是在被病魔困扰15年间写成了他最有价值的作品，而弥尔顿则是在双目失明、贫病交迫的时候，写下了他的名著。

困难并不是我们的仇敌，而是成就我们勇气的催化剂。早在两千多年前，孟子就说过："天将降大任于斯人也，必先苦其心志，劳其筋骨，饿其体肤，空乏其身，行拂乱其所为，所以动心忍性，增益其所不能。"

因为困难可以锻炼我们"克服困难"的种种能力，也就是顽强意志力。就像森林中的大树，要不是同狂风暴雨搏斗过千百回，树干就不能长得十分结实。同样，人若不遭遇种种阻碍，他的品格、本领，也是不会长得结实的。所以一切的挫折、痛、苦与悲哀，都是足以帮助我们、锻炼我们的。

这样的勇气带来了勇敢的行动，促使我们去积极尝试，这种积极尝试总会带来一些收获，要么收获成功，要么收获更多宝贵的经验。而面对挫折怯懦者没有勇气尝试，所以无从得知事物的深刻内涵，也永远和成功失之交臂。

勇气可以使人在遇到挫折时不畏惧，不回避，勇敢去面对它，去接受一切挑战，战胜困难，获得成功。同学们要想战胜挫折，取得生活和学业的成功，首先就要不畏难、不怕苦，要学会向挫折和困难说"我能行"。

进步和成长的过程总是有许多的困难与坎坷的。有时我们是由于志向不明而碌碌无为。但是还有另外一种情况，是由于我们自己的退缩、轻易妥协，才使得机会逝去，颗粒无收。

自我激励的重要性

面对挫折的时候，人尤其需要自我激励

班里竞选班长，你全力以赴参与竞选。自以为稳操胜券的时候，却竞选失败，那种失落感是否会让你掉入情绪的低谷，万念俱灰，关起门来仿佛等待"世界末日"。也许，这些都会令你在事后痛恨自己愚蠢，但在当时你只能接受这个挫折，别无选择。而这个时候，你最需要的是激励自己。

我们必须懂得：不是生活的挫折主宰你的情绪，我们自己才是情绪的主人，通过自我激励，让你的情绪振作起来，你就会发现自己仍然还有希望，还会创造新的成功。

激励就是激发、鼓励的意思。那么自我激励，就是指通过自我鞭策，使自己具有一股内在的动力，保持对学习和生活的高度热忱来向所期盼的目标前进。自我激励所产生的动力，不仅能够使我们充满激情地面对学习和生活，而且，可以让我们发挥我们的创造潜能。美国哈佛大学的威廉·詹姆斯发现，一个没有受过激励的人，仅能发挥其潜能的20%～30%，而当他受到激励时其潜能的发挥会达到80%～90%。也就是说一个人在通过充分的激励后，所发挥的潜能相当于激励前的3～4倍。

自我激励的第一原则就是你要保持自信

无论你陷于何种困难的境地，一定要保持你那可贵的自信力。，坚信你获得成功的能力从来就是不容置疑的。这个鼓舞人心的、具有挑战性的观点可以使你在面临挫折时保持活力，焕发克服障碍的热情。请记住，贝多芬是在失聪之后，创作出伟大的乐章的。在异常的挫折面前，他仍然保持高涨的热情。

胜利只属于对自己有把握的人。因为那些即使有机会也不敢把握、不敢自信会成功的人，只能获得一个失败的结局。

我们观察那些在生存竞争中最后取得胜利的人，一举一动中一定充满了自信，他的非凡气度一定会使人油然而生敬意，人人都可以看出他生机勃勃、精力充沛的样子。而那些被击败在地、陷入困境的人，却总是一副死气沉沉的样子，无论是行为举止、谈吐态度，都容易给人一种懦弱无能的印象，因为他们没有坚定的自信心，所以他们总是心神不安、犹豫怯懦、三心二意，对事情缺乏果断的决策能力。世界上有无数的失败者，他们不能成功都是因为缺乏自信。

1991 年，一个名叫坎贝尔的女子徒步穿越非洲，她不但战胜了森林和沙漠，更通过了 400 公里的旷地。当有人问她为什么能完成这令人难以想象的壮举时，她回答说："因为我说过我能。"而当问她对谁说过这句话，她的回答是："对自己说过。"一个壮举源于一句对自己说"我能"，这就是自我激励。

同学们要保持自信，就要自己看得起自己，不要因为一个暂时的失败认为自己这也不行，那也不行，什么都干不了。因此一定要自信，要采取切实措施自己帮助自己。也就是说，在遇到挫折失败之后，在认真汲取教训的基础上，重新设定奋斗目标，采取一些切实可行的措施，拟定可行性的计划，用一点一点的成绩来激励自己，脚踏实地，一步一步前进。

要看得起自己，必须学会正确认识自己。古人曰："君子不患人之不己知，患不自知也。"认识自己就是认识自己的长处和短处，不将长处当短处，不将短处当长处，决不护短，决不自己原谅自己。只有知道自己遭到失败、挫折的原因在哪儿，才会有的放矢地重新起步，也才有可能培养你的意志力。

要自我激励，还需要用坚定的信念，永不言败。把失败踩在脚下。生活中我们遇到的每一个困难，每一次失败，都是人生历程中的一块垫脚石，帮你达到一个新的高度。你有能力超越它。

一天，一个农民的驴子掉到了枯井里。那可怜的驴子在井里凄惨的叫了好几个钟头，农民在井口急得团团转，就是没办法把它救起来。最后，他断然认定：驴子已经老了，这口枯井也该填起来了，不值得花这么大的精力去救驴子。于是，农民把所有的邻居请来帮他填井。大家抓起铁锹，开始往井里填土。

这头可怜的驴子很快就意识到发生了什么事。起初，他只是在井里恐慌地大声嚎叫。不一会儿，令大家不解的是，它居然安静下来，又几锹土过后，农民忍不住朝井下看，眼前的情景让他惊呆了：每一锹土砸在驴的身上，它都作出了出人意料的事——迅速抖落下来，然后狠狠地用脚踩紧。

就这样，没过多久，驴子竟把自己升到了井口。它纵身跳了出来，快步跑开了。在场的每一个人都惊讶不已。

其实，生活也是如此。各种各样的困难和挫折，会如沙土一般落到我们的头上。要想从这失败的枯井里脱身逃出来，走向人生的成功与辉煌，办兴只有一个，那就是：将它们这些暂时失败都统统都抖落在地，重重地踩在脚下，而你心里要知道，你自己对自己要永不言败。

接下来，你要坚定你成功的目标，为这个目标不断进取。朝向目标不断进取的进取心，是自我激励的另一种力量。

进取心是一种不断要求上进、立志有所作为的愿望。进取心是一种不知足，不满足已有的发展水平，不满足已取得的成绩的愿望，努力向上是进取，追求自我完善是进取，为改变现状而在挫折中奋力拼搏也是进取。进取心，这种内在的推动力从不允许我们停下来，它总是会激励我们为更加美好的明天而努力。

朝向一个在你的成长中建立起来的终身目标永不停息地前进，这个愿望可以帮助你战胜生活中的各种阻碍而取得成功。如果你内心的方向稳定而明确，你就可以决定如何最大程度地同挫折作斗争。那么，今天的挫折就不再阻挡你前进的步伐。

承受挫折的能力——也就是说对挫折和失败的忍耐力只是意志力的一个方面。走出挫折，关键还是要行动起来，因此需要自我激励来促使采取行动。能否自我激励，是培养意志力的另一个重要方面。

同学们在面临挫折时，可以用以下策略来进行自我激励。

（1）树立远景。自我激励的第一步，要有一个你每天早晨醒来为之奋斗的目标。它应是你人生的目标。远景必须立即着手建立，而不要往后拖。你随时可以按自己的想法做些改变，但不能一刻没有远景。

（2）明确目标。许多人惊奇地发现，他们之所以达不到自己孜孜以求的目标，是因为他们的目标太模糊不清，使自己失去动力。如果你的主要目标不能激发你的想象力，目标的实现就会遥遥无期。因此，真正能激励你奋发向上的，是确立一个具体清晰的目标。

（3）迎接恐惧。世上最秘而不宣的秘密是，战胜恐惧后迎来的是某种安全有益的东西。如果一味想躲开恐惧，它们会像疯狗一样对我们穷追不舍。哪怕克服的是小小的恐惧，也会增强你对创造自己生活能力的信心。

（4）直面困难。困难不过是一场场艰辛的比赛。真正的胜利者总是盼望比赛。如果把困难看作对自己的诅咒，就很难在生活中找到动力。如果学会了把握困难带来的机遇，你自然会动力陡生。

（5）立足现在。不要沉浸在过去，也不要沉溺于未来，要着眼于今天。锻炼自己即刻行动的能力。充分利用对现时的认知力。当然要有梦想、筹划和制定创造目标的时间。不过，这一切就绪后，一定要学会脚踏实地注重眼前的行动，要把整个生命凝聚在此时此刻。

要有持之以恒的心

所有成功者也许在很多方面都有不同的缺陷或弱点，但在坚忍不拔的个性方面却具有共同的特点：无论处境如何、情绪怎样、工作多么艰苦，他们都不气馁，任何困难和不幸都无法摧毁他们，他们总是持之以恒，坚持到实现梦想的那一刻。

当年迪斯尼为了实现建立"地球最欢乐之地"的美梦，四处向银行融资，可是被拒绝了302次之多，每家银行都认为他的想法怪异。今天，每年都有上百万游客享受到前所未有的"迪斯尼欢乐"，这全都归功于沃尔特·迪斯尼的远见和对他的梦想的坚持。

同样，富兰克林·皮尔斯也是世界上最有韧性的人之一。他在律师界初试锋芒的时候，几乎陷于彻底的失败，尽管他十分苦恼，但他并没有气馁和沮丧。他说，他将尝试99次，如果不成功，就再尝试999次，最后尝试的结果就是：他成为了美国总统。

同学们听过类似的故事还有很多很多。无一例外，它们都告诉我们：要完成既定的梦想就必须坚持，坚持，再坚持。没有锲而不舍坚持到底的精神，就很难收获成功。

但坚持是一件很难的事情，人在顺境中坚持就已经很不容易了，在挫折中坚持更难。

大哲学家苏格拉底有一天给他的学生上课。他说："同学们，我们今天不讲哲学，只要求大家做一个简单的动作，把手往前摆动300下，然后再往后摆动300下，看看谁能每天坚持。"过了几天，苏格拉底上课时，他请坚持下来的同学举手，结果，90%以上的人举起了手。过了一个月，他又要求坚持下来的同学举手，只有70%多的人举手。过了一年，他又同样要求，结果只有一个人举手，这个人就是后来成为了大哲学家的柏拉图。

最后只有一个人能够坚持下来——这就是我们生活中常见的现象，很多人都曾经努力过，坚持过，但还是以失败告终。可以想象在前进的路途中他们有的可能遇到了困难，有的碰到了挫折，他们厌倦了漫长得看起来没有尽头的征途，于是他们了停下来或者退缩回到了原地，他们虽然坚持过，却不能坚持到底。

在逆境中放弃是容易的，因为挫折是容易磨损人的耐心，使人们容易放弃坚持。但如果不坚持，人遇到挫折的时候，如果这一刻不坚持，到哪里都是放弃。人们常说"退不步海阔天空"，不管再到哪里，身后总认为有一步可退，但实际上退一步也不一定会海阔天空。

许多人最终没有获得成功，不是因为能力不足、诚心不够或没有对成功的渴望，而恰恰是由于缺乏一种持之以恒、不达目的地不罢休的精神，这一点非常令人遗憾。这种人做事往往虎头蛇尾、有始无终。他们常常怀疑自己到底该不该做某件事，有时他们认定一件事有绝对成功的把握，做到一半时又觉得另一件事更妥当。因此显得脆弱。只有当一切都一帆风顺时，才能前进，一遇挫折就垂头丧气、丧失信心，往后退缩。结果"一日曝之，十日寒之"，三天打鱼，两天晒网，浅尝辄止，碌碌终生而一事无成。

同学们要知道，无论一个人有多聪明，没有坚忍不拔的品质，就不能脱颖而出，不会取得成功。最终的成功者都是虽然遇到挫折却能坚持到底的人，而不是那些自命不凡的、碰到挫折困难的就放弃逃跑的人。

什么时候能显示一个人的真实才干呢？那就是在你事事不顺，而仍能坚持的时候！因为成功，就是由许多必然的失败累积而出的偶然光芒。

水滴石穿这个成语最能说明坚持的力量。莎士比亚说："斧头虽小，但多次砍劈，终能将一颗坚硬的大树伐倒。"在征服挫折走向成功的道路上，一点一滴的坚持就像穿石的水滴，也像能砍大树的小斧头，需要足够长的时间坚持才能显示出力量。

世上愈是珍贵之物，则费时愈长，费力愈大，得之愈难。即便是燕子垒巢、工蜂筑窝，也都非一朝一夕的工夫。人们又怎能企图轻而易举便获得成功呢？

一个懂得坚持的人才能获得成功。所以，要学会在挫折中奋起，坚持你的目标，持之以恒。

毅力使不可能的事成为可能

我们刚才说到很多成功者在挫折中的坚持到底，那么，是什么使他们能够坚持到底的呢？这个力量，也就是我们在这堂课的开始谈到的意志力。我们也说过，在挫折这所学校里，同学们最重要的收获，还应该是坚强的意志力。

在坚强的意志力中，包含着一个人实现人生目标的道路上的一种坚定的持久力，我们的汉语中，把这种力量叫做"毅力"。

人类迄今为止，还不曾有哪一项重大的成就不凭借毅力就能实现的。我国古代大医药学家李时珍写《本草纲目》花费了27年；进化论创始人达尔文写《物种起源》用了15年；天文学家哥白尼写《天体运行论》用了30年；大文豪歌德写《浮士德》用了15年；郭沫若翻译《浮士德》用了30年；马克思写《资本论》用了40年。这些中外巨人的伟大成果无一不是理想、智慧与毅力的结晶。

发明家爱迪生说："我从来不做投机取巧的事情。我的发明除了照相术，也没有一项是由于幸运之神的光顾。一旦我下定决心，知道我应该往哪个方向努力，我就会勇往直前，一遍一遍地试验，直到产生最终的结果。"爱迪生描述了一种坚定持久的信念，这就是毅力。

在这个世界上，没有任何事物能够取代毅力。能力无法取代毅力，这个世界上最常见到的莫过于有能力的失败者；天才也无法取代毅力，失败的天才更是司空见惯；知识也无法取代毅力，这个世界有很多学识渊博的被淘汰者。对失败者来说，缺乏毅力几乎是他们共同的弱点。所以毅力这个东西，很重要，也很可贵。毅力会帮助你克服恐惧、沮丧和冷漠；会不断地增加你应付、解决各种困难问题的能力；会将偶然的机遇转变为现实；会帮助你实现他人实现不了的理想……

毅力往往使人们看起来不可能的事情成为可能，红军二万五千里长征，举世闻名。上有敌机侦察轰炸，下有国民党军队围追堵截，而红军的装备呢？衣不遮体，小米加步枪，要过危险的草地、难翻的雪山，经常断炊，有时甚至靠吃皮带充饥，其艰难程度非一般人所能想象。但是，英勇的红军却走过来了。二万五千里长征的胜利是中国革命成功的转折点。红军为什么能够把人们认为不可能实现的伟业变成现实？一是靠广大红军对革命事业坚定的信念，再就是靠顽强的意志，靠将革命事业坚持到底的毅力。

想要在艰难困苦中坚持到底，唯有依靠毅力这种品质。

同学们，毅力确实是一种好品质，谁都想具有这种品质。但是，是不是所有的人都会具有？不一定。

毅力并不是天生的，也不是说来就来的，它是人的一种习惯，是在人的实践活动中逐渐培养、发展起来的。关键是怎么培养，一般来说下面这样的人是很难具有毅力这种品质的。

一种是用心不专注的人，不会有毅力。唐人张文成在《游仙窟》中日："心欲专，凿可穿。"可是有的人就是做不到这一点，不专一，目标太多，期望值有无数个，好高骛远，一个目标还没有达到，就想到了另一个，这山望着那山高，什么都是三心二意，虽很努力，却是竹篮打水一场空，因为缺乏恒心。

第二种是不自信的人，不会有毅力。这种人对自己缺乏信心，不相信自己的力量，事情还没有做，考虑的却是万一失败了怎么办？因为没有自信，常常夸大了自己的弱点，以至于不能发挥自己的优点，也就使自己毫无力量来坚持一件事情了。

第三种是不懂得对自己负责任的人，不会有毅力。这类人独立性差，没有主见，总希望依赖别人来为自己的结果负责任，总有说不清的顾虑，总是担心这个或那个，就是不担心成功。这类人还有一个毛病：容易接受他人暗示和影响，因而经常改变自己的初衷，将事情搞得不伦不类。

第四种是自制力差的人，不会有毅力。这类人不知道如何克制自己，因而本来可敬可赞的雄心壮志，却常常因为不能抵制诱惑而偏离方向，当然谈不上对目标的坚持。

第五种是对挫折没有耐受力的人，不会有毅力。为什么有的人在惨痛的失败后能东山再起？就在于他能忍受得住挫折，忍受得住失败，忍受得住考验，忍受得住痛苦，坚持信念，虽然身陷逆境仍能够不停顿地前进、拼搏、奋斗，因而能屡败屡战，终于成为伟人。所以法国拿破仑这一句话还是很有道理的："人生之光荣，不在永不失败，而在能屡仆屡起。"

那么，同学们，上面的这些人里，有没有你的影子。如果没有，那么真的可喜可贺，因为你在很大的程度上，具备有在挫折这所学校里毕业的可能性。但如果你不凑巧有了上面的某种人的性格品质，就需要好好反省自己，并且认真地修正了。

我们这走向卓越的八堂课，到现在讲了七堂，聪明的同学们可能已经发现，我们的每一堂课之间都有很大的关联。我们在第一堂课里讨论了自信，在第四堂课里讨论了专注，在第五堂课里讨论了自制力，在第六堂课里讨论了如何对自己负责任，在这堂课的前半部分讨论了对挫折的耐受力，现在我们讨论毅力培养的时候发现，原来这些品质都相互关联。

为什么这所有的品质都相互依存呢？因为这所有的品质的培养，都在指向一个目标，就是试图完善我们的自我，使我们成为一个卓尔不凡成功者。